Wien und seine Bahnen

Karl und Martin Zellhofer

Wien und seine Bahnen

Von den 1970er-Jahren bis heute

W-H EDITION WINKLER-HERMADEN

Zu den Titelbildern:
Links oben durchfährt ein Sonderzug am 14. Juli 1974 den Aspangbahnhof. Rechts daneben verlässt eine Garnitur der Linie E2 gerade den Tunnel im Bereich der Landesgerichtsstraße. Der Stadtbahnzug links unten befindet sich 1983 nahe der Station Thaliastraße. Am letzten Bild überquert ein Zug der Linie U2 am 11. Dezember 2024 die Donau.

Zur Karte auf Vor- und Nachsatz:
„Wien Verkehrsübersicht", Karte der Freytag-Berndt und Artaria KG. Stand Februar 1972.

Hauptstraße 37, A-2123 Schleinbach
info@edition-wh.at
www.edition-wh.at
Layout: Ecker-Design, A-2020 Hollabrunn
Gedruckt in der EU bei Finidr s.r.o.
ISBN 978-3-9505534-2-0

Inhalt

Vorwort

Der Erfolg unseres 2022 erschienenen Buches „Eisenbahnen im Weinviertel. Von den 1970er-Jahren bis heute“ und unser großer unveröffentlichter historischer Bildbestand haben uns zu der vorliegenden Fortsetzung mit Blick auf Wien inspiriert. Diese bietet, gestützt auf Fachliteratur und Zeitschriften, Zeitzeugenberichte und Fotomaterial, einen Überblick über die Entwicklung des Wiener Schienenverkehrs ab den 1970er-Jahren inklusive einer kurzen Rückschau auf dessen Vorgeschichte.

Die Wiener Verkehrsgeschichte ist sehr facettenreich und gut dokumentiert. Wer sich besonders ausführlich informieren will oder mehr zu einzelnen Bereichen wissen möchte, kann sich anhand der zur Verfügung stehenden Fachliteratur darin vertiefen. Wir wollen und können im Folgenden nur einen groben Überblick geben. Der Connaisseur mag es uns nachsehen, dass wir nicht jede Fahrplanänderung, die unglaubliche Menge an Lok-, Triebwagen- und Straßenbahntypen, die Baugeschichte von Bahnhöfen und Haltestellen und deren oftmalige Umbenennungen oder die Existenz einzelner Straßenbahnlinien dokumentiert haben. Das wäre gar nicht machbar gewesen, denn ein solches Werk müsste mehrere sehr dicke Bände umfassen. Ausgelassen haben wir auch die Dokumentation geplanter, aber nicht realisierter Eisenbahn-, Straßenbahn-, Stadtbahn- und U-Bahn-Strecken. Die Auflistung aller nie gebauten Wiener Schienenwege wäre ein umfangreiches Unternehmen. Manche Idee war zu utopisch, manches Vorhaben scheiterte am Geld, anderes am politischen Willen: 1862 etwa hielten die niederösterreichische Statthalterei und das Handelsministerium die Wiener Straßen für ungeeignet zur Errichtung einer Pferdestraßenbahn. Heute bekämpfen mitunter Anrainer und Politiker Streckenausbauten, weil sie die Straßenbahn wohl als … ungeeignet betrachten.

T, T1, T2, L, L1, L2, L3, L4? Die Wiener Verkehrsgeschichte kann kompliziert sein. Diese Buchstaben-Ziffern-Kombinationen geben Auskunft über die Genese bestimmter Wiener Straßenbahntypen, die durch Umbau oder Wiederverwendung einzelner Teile oder Weiterentwicklung neue Typenbezeichnungen erhalten haben. Das Nachvollziehen von Linienführungen wiederum kann fordernd sein, da viele Linien oft ihren Laufweg oder ihr Ziel änderten. Wir haben es vermieden, hier allzu genaue Ausführungen zu tätigen.

Kompliziert kann es auch bei der Interpretation statistischer Daten werden. Ein Beispiel: 2012 änderten die Wiener Linien die Zählweise der Fahrgäste. Bis 2011 wurden die gefahrenen sogenannten Platzkilometer als Beförderungszahlen herangezogen (die Platzkilometer sind das Ergebnis der Multiplikation der angebotenen Fahrgastplätze mit dem von einem Verkehrsmittel zurückgelegten Weg, egal ob jemand drinnen sitzt oder nicht). Seit 2012 werden Fahrgäste gezählt. Die U-Bahn „verlor“ daraufhin von 2011 auf 2012 123 Millionen Fahrgäste, die Straßenbahn „gewann“ 101 Millionen Fahrgäste.

Uns geht es insbesondere um das Einfangen eines Feelings, vermittelt vor allem durch die historischen Aufnahmen und die

Erinnerungen der Interviewpartner an alte Zeiten, und die Darstellung des Wandels des Schienenverkehrs in Wien. Die Wiener Verkehrsgeschichte ist die Geschichte der Entwicklung von der beschaulichen Bundeshauptstadt der 1970er-Jahre, in der die Straßenbahn zwar das Rückgrat des öffentlichen Verkehrs bildete, die sich aber gleichzeitig zugunsten des Autoverkehrs mehr und mehr zurückziehen musste, hin zu einer Metropole, in der sich mehrere U-Bahn-Linien quer durch die Stadt ziehen – und sich trotzdem ein dichtes Straßenbahnnetz erhalten hat. Es ist die Geschichte von steigenden Fahrgastzahlen, steigendem Komfort durch Niederflurfahrzeuge und barrierefreie Stationen mit Aufzügen, WLAN in der Schnellbahn und so mancher U-Bahn-Station, ausgedehntem Nachtverkehr und klimatisierten Fahrzeugen, einem 15-Minuten-Takt über die Stadtgrenzen hinaus ins Wiener Umland und der Errichtung neuer Stadtviertel auf ehemaligen Bahnhofsanlagen.

Nostalgikerinnen und Nostalgiker betrauern das Verschwinden der vermeintlich guten alten Zeit, der Schaffner aus der Straßenbahn, der nicht mehr benötigten historischen Straßenbahnremisen, der großen innerstädtischen Bahnanlagen der Österreichischen Bundesbahnen (ÖBB) und das Ausscheiden alter Garnituren. Für Jüngere hingegen ist das ganz normal …

Ein Blick zurück

Wien um 1800: Fußgänger, Wagen und Kutschen, Ross und Reiter, Sänften, Tragsessel und Träger prägten das Straßenbild. Das Verkehrsgewühl war so dicht, dass Überholen und schnelles Fahren verboten waren. Fußgänger litten unter der Rücksichtslosigkeit der übrigen Verkehrsteilnehmer. Während die Zahl der Tragsessel-Unternehmen bis 1888 auf null sank, wuchs der Bestand an Kutschen und Fuhrwerken aller Art im Lauf des 19. Jahrhunderts stark an. Ab 1815 fuhren Pferdewagen, Stell- oder Gesellschaftswagen oder Omnibus genannt, auf bestimmten Routen mit Haltestellen durch die Stadt.

Eisenbahn und Stadtbahn

Den ersten regelmäßigen Verkehr auf Schienen in Wien brachte die Eisenbahn: 1838 nahm die Strecke vom Wiener Nordbahnhof nach Deutsch Wagram den Betrieb auf, der Nordbahnhof war der erste Kopfbahnhof der Stadt. In den Folgejahren eröffneten weitere Kopfbahnhöfe: Südbahnhof (1841), Ostbahnhof (1846), Westbahnhof (1858), Franz-Josefs-Bahnhof (1870) und Nordwestbahnhof (1872). 1881 folgte noch der Aspangbahnhof, dessen Status als Kopfbahnhof nur zwei Monate währte. Keiner dieser Bahnhöfe befand sich in der Stadtmitte. Es war in der dicht verbauten Innenstadt schlicht kein Platz, die Eisenbahn ins Zentrum fahren zu lassen. Vorerst hatten die Kopfbahnhöfe keine Verbindung untereinander, weshalb die Eisenbahn in ihrer Frühzeit für den innerstädtischen Nahverkehr keine Bedeutung hatte. Ab 1857 eröffnete schrittweise die sogenannte Verbindungsbahn vom Südbahnhof über den Bahnhof Hauptzollamt (heute Wien Mitte) zum Güterbahnhof des Nordbahnhofs, 1861 wurde auch der Personenbahnhof Wien Nord an diese Verbindung angeschlossen. Immer wieder unternommene Versuche, auf dieser Verbindungsstrecke einen Personennahverkehr zu etablieren, scheiterten. Erst 1883 kam es zur Errichtung eines dauerhaften Personenverkehrs von Hütteldorf-Hacking und Penzing über Meidling zum Nordbahnhof. Viel los war nicht, es verkehrten werktags bloß acht Zugpaare.

1872 entstand die Donauländebahn, die bei Hetzendorf im Verbindungsbogen zwischen West- und Südbahn begann und nach Kaiserebersdorf führte. Später folgte die Errichtung der Donauuferbahn zwischen Nussdorf an der Franz-Josefs-Bahn und Kaiserebersdorf, wo die beiden Strecken zusammentrafen. 1873 begann der Personenverkehr auf der Donauländebahn, 1888 auf der Donauuferbahn. Der Verkehr lief beginnend am Westbahnhof über Speising, Oberlaa, Klein Schwechat und anschließend donauaufwärts nach Nussdorf. Auch hier war der Erfolg bescheiden, es fuhren maximal zehn Zugpaare täglich. Mehr Publikumserfolg hatte die ab 1881 durchgehend befahrbare Strecke von

Blick in die Zugförderung Wien Ost, 1971. Die Dampflokomotive der Reihe 77 rechts im Vordergrund stammt aus den 1920er-Jahren.

Ein Sonderzug durchfährt am 14. Juli 1974 den Aspangbahnhof. Das Bahnhofsgebäude hatte nach Eröffnung der Haltestelle Rennweg am 31. Mai 1971 keine Funktion mehr für den Personenverkehr, 1977 erfolgte der Abriss.

Aspangbahnhof über Zentralfriedhof bis Klein Schwechat, auf der in erster Linie der Friedhof für Verkehr sorgte.

Schienen führten auch auf zwei Wiener Hausberge: Von 1873 bis 1876 gab es eine Standseilbahn auf den Leopoldsberg, deren Ausgangspunkt, die Haltestelle Leopoldsberg-Drahtseilbahn, mit der Franz-Josefs-Bahn erreicht werden konnte. Ab 1874 dampfte eine Zahnradbahn von Nussdorf auf den Kahlenberg. 1921 endete der Personenverkehr, bis 1922 brachte die Zahnradbahn noch Trinkwasser auf den Berg.

Was Wien an der Wende vom 19. zum 20. Jahrhundert fehlte, war ein schnelles, leistungsfähiges, stadtquerendes Verkehrsmittel. Eine U-Bahn wollte oder konnte sich die Stadt nicht leisten. Oberirdisch war kaum Platz, die dicht verbaute Stadt und die Vorstädte auf Schienen zu durchqueren. Platz gab es aber entlang des Donaukanals, des Wienflusses und des Linienwalls (Gürtel) – und entlang unter anderem dieser Achsen begann ab 1893 der Bau der Stadtbahn. Zwischen 1898 und 1901 eröffneten die Linien von Heiligenstadt nach Penzing (Vorortelinie), von Heiligenstadt nach Meidling Hauptstraße (Gürtellinie), von Heiligenstadt nach Brigittenau, von Meidling Hauptstraße nach Hütteldorf-Hacking (Obere Wientallinie), von Meidling Hauptstraße nach Hauptzollamt (Untere Wientallinie), von Hauptzollamt nach Heiligenstadt (Donaukanallinie) und eine Verbindung zwischen der Haltestelle Brigittabrücke (heute Friedensbrücke) und der Nussdorfer Straße. Das Netz umfasste 38 Kilometer. Für das optische Gesamtkonzept aller baulichen Anlagen zeichnete Otto Wagner verantwortlich, der damit ein riesiges Jugendstil-Ensemble geschaffen hat.

Es ist mit Blick auf die heutige U4 und U6, die auf ehemaligen Stadtbahntrassen fahren, nur schwer vorstellbar, aber die ursprüngliche Stadtbahn war eine richtige Eisenbahn. Sie ist zur Zeit ihrer Eröffnung mit Dampfloks betrieben worden und war an mehreren Stellen mit den schon zuvor entstandenen Eisenbahnstrecken in Wien verknüpft. So finden sich in alten Fahrplänen aus den Anfangsjahren umsteigefreie Fahrmöglichkeiten wie vom Praterstern über die Pilgramgasse nach Rekawinkel, später gab es einen durchgehenden Verkehr von Neulengbach über die Gürtelstrecke nach Tulln. Bemerkenswert war der zum Teil enorm dichte Fahrplan auf manchen Stadtbahnstreckenabschnitten, auf denen in Spitzenzeiten Zugsfolgen von bis zu drei Minuten geboten wurden.

Da die Straßenbahn insgesamt betrachtet noch dichtere Intervalle fuhr und mit ihrem stets wachsenden Liniennetz ganz Wien bediente, war sie den Wienern das attraktivere Verkehrsmittel. Zudem mussten Fahrgäste für Stadt- und Straßenbahn getrennte Fahrscheine lösen, da blieben viele gleich bei der Straßenbahn. Eine Vergleichszahl aus 1909 verdeutlicht den Unterschied: Die Stadtbahn beförderte rund 34,4 Millionen Fahrgäste, die Straßenbahn 266,4. 1924 übernahm die Gemeinde Wien mit Ausnahme der Vorortelinie den größten Teil der Stadtbahn, 1925 waren alle Linien elektrifiziert. Die Stadtbahn war allerdings keine elektrifizierte Eisenbahn, sondern eine Art zweite Straßenbahn geworden. Technisch bedingt endete die Verschränkung mit dem Eisenbahnnetz, dafür gab es nun zumindest bis 1945 eine Verknüpfung zwischen Stadt- und Straßenbahn: Die Linie 18G benutzte beide Systeme.

Die schwierige wirtschaftliche Lage der Zwischenkriegszeit führte auch in Wien zu Einsparungen: Unter anderem ließen die Bundesbahnen Österreich (BBÖ) 1924 den Nordwestbahnhof für den Personenverkehr auf und verlagerten diesen zum

Nordbahnhof. 1932 kam es zur Einstellung des Verkehrs auf der Vorortelinie. Zur Zeit des „Dritten Reiches“ erfolgten einige Ausbauten im Wiener Schienennetz, 1943 die Wiederaufnahme des Personenverkehrs am Nordwestbahnhof. Kriegsschäden im Zweiten Weltkrieg führten bis in die Nachkriegsjahre zu Einschränkungen im Eisenbahnverkehr.

1952 erreichte der Fahrdraht Wien Westbahnhof, 1956 den Südbahnhof. Ersterer wurde im Krieg zerstört, im Anschluss abgerissen und bis 1953 neu erbaut. Letzterer überstand den Krieg, dennoch entstand an dessen Stelle 1951 bis 1960 ein völlig neu erbauter gemeinsamer Bahnhof für Süd- und Ostbahn. Statt des stark zerstörten Nordbahnhofs (1965 gesprengt) eröffnete 1959 am Praterstern der neue Bahnhof Praterstern, im selben Jahr verlor der Nordwestbahnhof, der schon zuvor sein im Krieg beschädigtes Empfangsgebäude eingebüßt hatte, den Personenverkehr endgültig. Ein Meilenstein der Wiener Verkehrsgeschichte war die 1962 nach Elektrifizierungs- und Baumaßnahmen eröffnete Wiener Schnellbahn zwischen Wien Meidling und Floridsdorf, von wo aus sie weiter nach Gänserndorf und Stockerau führte. Auch der Abschnitt nach Groß Schwechat wurde elektrifiziert. Aber erst in den 1970er-Jahren begannen konsequente Elektrifizierungsmaßnahmen in Wien.

Reste eines sogenannten Spannwerks an der ehemaligen Bahnstrecke von Jedlersdorf nach Jedlesee Ende der 1970er-Jahre. Spannwerke gehörten zu den Außenanlagen von mechanischen Stellwerken.

Hütteldorf, 1977. Noch bis 1981 wird die Wiener Elektrische Stadtbahn Hütteldorf erreichen.

Straßenbahn

Im Jahr 1865 genehmigte der Wiener Gemeinderat der Firma C. Schaeck-Jaquet & Comp. die Errichtung einer vier Kilometer langen Probelinie vom Schottenring nach Hernals, die nach nur 13 Wochen Bauzeit im selben Jahr eingleisig und in Normalspur in Betrieb ging und 1866 Dornbach erreichte. Je zwei Pferde zogen einen Wagen, wobei die größeren 22 Sitzplätze und 14 weitere auf dem Dach (!) boten, die kleineren 16 und zehn am Dach. Für die warme Jahreszeit gab es luftige Sommerwagen. Der Probebetrieb war ein Erfolg. C. Schaeck-Jaquet & Comp. wollte daraufhin ein Straßenbahnnetz in Wien errichten, schloss sich aber aufgrund politischen Gegenwindes mit potenziellen Konkurrenten 1868 zur Wiener Tramway-Gesellschaft (1868–1898) zusammen. Diese übernahm die bereits bestehende Linie und begann zu bauen. Einige Zahlen illustrieren das Wachstum: 1870 erreichte das Netz bereits 21,8 Kilometer Streckenlänge, 1877 45,2, 1896 80,7 Kilometer. Besaß die Gesellschaft 1871 340 Wagen, waren es 1896 bereits über 710. Waren 1869 400 Pferde im Einsatz, waren es 1897 bereits 3800. Der Personalstand betrug 1897 über 3800 Bedienstete.

Leicht hatte es das Personal der Tramway nicht: Der Dienst der Kutscher dauerte bei sechs wöchentlichen Arbeitstagen täglich bis zu 19 Stunden, die Mittagspause bloß 30 Minuten. Bezahlten Urlaub bekamen sie nicht, an Sonn- und Feiertagen galt überhaupt eine Urlaubssperre. Schon bei geringen Verspätungen mussten die Kutscher an dienstfreien Tagen Straftouren absolvieren, sie hafteten zudem für an den Wagen aufgetretene Schäden. Die schlecht bezahlten Stallburschen der Tramway nächtigten oft bei den Pferden im Stall. Die katastrophalen Arbeitsbedingungen führten 1889 zum Streik und zu einem Teilerfolg der Kutscher. 1891 entstand die erste Schleifenanlage in Wien, um sich an den Endstationen den Wechsel der Pferde von einem Ende des Wagens an das andere zu ersparen.

1897 eröffnete die erste elektrifizierte Straßenbahnlinie in Wien, bereits 1903 war letztmalig eine Pferdestraßenbahn unterwegs. Um die Jahrhundertwende ging die private Wiener Tramway-Gesellschaft an eine neu gegründete Gesellschaft der Gemeinde Wien – jenen Betrieb, der auch heute noch, wenn auch unter anderen Vorzeichen, für den Wiener Straßenbahnbetrieb verantwortlich ist. Neben der Wiener Tramway-Gesellschaft gab es weitere private Straßenbahngesellschaften in Wien, die später allesamt in dem Betrieb der Stadt Wien aufgingen. Dazu zählten unter anderem die Neue Wiener Tramway-Gesellschaft (1872–1902), die mit der 1886 eröffneten Lokalbahn von Gaudenzdorf nach Wiener Neudorf die Grundlage für die spätere Lokalbahnstrecke nach Baden schuf. Erwähnenswert ist auch die Dampftramway-Gesellschaft vormals Krauss & Comp. (1882–1907), die 1883 die erste Dampfstraßenbahnstrecke Wiens in Betrieb nahm. 1913 erreichte das Straßenbahnnetz 262 Kilometer Länge, wobei auf 20 Kilometern noch Dampflokomotiven unterwegs waren. Der Wagenstand belief sich 1913 auf 3000 Stück, die Beförderungsleistung lag bei fast 323 Millionen Fahrgästen.

Eine Mischung aus Eisenbahn und Straßenbahn stellte die 1914 eröffnete elektrische Pressburger Bahn von Wien nach Pressburg (ab 1919 Bratislava) dar. Auf der Stadtstrecke von Wien Großmarkthalle bis Groß Schwechat verkehrte diese Bahn als Straßenbahn, war aber mit dem übrigen Straßenbahnnetz nicht verbunden. In Groß Schwechat wechselten die Züge auf eine Lokalbahnstrecke.

Werfen wir einen Blick auf die Bedeutung der Straßenbahn: Die damalige Gesellschaft war – und das sollte noch lange so bleiben – eine autolose. Die Straßenbahn erschloss große Spitäler und Sozialeinrichtungen wie die Anlagen Am Steinhof oder das Versorgungsheim Lainz, Friedhöfe, Freizeitplätze (Prater, Bäder, die Rennbahn Freudenau, den Wienerwald für Ausflügler und Skifahrer) und das Umland über die Gemeindegrenzen hinweg. So konnten Fahrgäste ab 1907 mit der elektrischen Badner Bahn umsteigefrei vom Zentrum Badens ins Zentrum von Wien fahren. Eine Straßenbahnlinie erreichte das niederösterreichische Groß Enzersdorf, deren Streckenabschnitt von Kagran nach Groß Enzersdorf 1922 als letzte Dampfstraßenbahnstrecke elektrifiziert wurde. Auch Mödling und Schwechat waren ans Wiener Straßenbahnnetz angebunden. Heute unvorstellbar, transportierte die Straßenbahn Obst, Gemüse, Milch, Post, Kohle, Brenn- und Baumaterial und weitere Güter und Lebensmittel aller Art, zur Zeit des Ersten Weltkrieges zusätzlich Heeresbedarf, Verwundete und Tote. 1918 betrug die Beförderungsleistung über 557 Millionen Fahrgäste.

Die Zwischenkriegsjahre brachten je nach wirtschaftlicher Lage stark schwankende Fahrgastzahlen, Einsparungen, Kurzarbeit, Gehaltsreduktionen und Personalabbau.

1928, dem in Hinblick auf die Beförderungsleistung besten Jahr der Zwischenkriegszeit, transportierte die Wiener Straßenbahn 665 Millionen Fahrgäste. Das Wiener Gesamtnetz bestand 1928 aus 106 Straßenbahnlinien auf 292 Kilometer Streckenlänge. Zusätzlich gab es 1928 sechs Stadtbahnlinien mit 26 Kilometer und zehn Autobuslinien mit 74 Kilometer Länge. Die Städtischen Straßenbahnen verfügten zu diesem Zeitpunkt über 17.000 Bedienstete, darunter 511 Frauen. Die Flotte erreichte 1929 mit 1754 Triebwagen, 2201 Beiwagen, 69 Lasttriebwagen und 360 Lastbeiwagen den historischen Höchststand an Wagenmaterial. Das sozialdemokratisch regierte Wien hat auch die Stellung und Rechte des Straßenbahnpersonals stark verbessert.

1943 beförderte die Wiener Straßenbahn inklusive der Stadtbahn den Rekordwert von über 730 Millionen Fahrgästen auf rund 294 Kilometer Netzlänge (eine Fahrgastanzahl, die erst 2004 wieder eine ähnliche Größenordnung erreichte). Grund für den Rekord waren der eingestellte Autobusverkehr und ein stark eingeschränkter Eisenbahnnahverkehr. Auch Gemüse, Erdäpfel und Baumaterialien für Luftschutzanlagen und Flaktürme kamen in diesen Kriegszeiten per Straßenbahn zur Verteilung. Die 294 Kilometer Netzlänge markierten die maximale Ausdehnung des Wiener Straßenbahnnetzes.

Nach dem Krieg waren 75 Prozent der Straßenbahnwagen unbrauchbar, zehn Prozent vollkommen zerstört, rund die Hälfte der Masten und Oberleitungen war beschädigt. Die Straßenbahn transportierte nun den Schutt der im Krieg zerstörten Gebäude zu Deponien mit eigenen Gleisanschlüssen. Nach dem Zweiten Weltkrieg wurde die Stadtstrecke der Pressburger Bahn nicht mehr in Betrieb genommen, die Züge fuhren stattdessen vom Bahnhof Hauptzollamt (heute Wien Mitte) ab. Erst 1954 ging der letzte wiederaufgebaute Teil der Stadtbahn in Betrieb, 1956 der letzte Abschnitt des wiederaufgebauten Straßenbahnnetzes.

In den Nachkriegsjahren begann wie überall in Westeuropa der Siegeszug des Autos. Die Netzergänzungen und -erweiterungen waren bis Ende der 1960er-Jahre äußert gering. 1958 begann die Einstellung von Straßenbahnlinien, die schwach frequentiert waren, am Stadtrand lagen oder durch enge Straßen führten, sprich: den Autoverkehr behinderten. Bis 1971 verschwanden 19 Linien, darunter (ausgenommen die Badner Bahn) alle Linien nach Niederösterreich, zwischen 1958 und 1974 gingen 66 Kilometer Straßenbahnstrecken verloren. Die Modernisierung des Wagenparks verlief schleppend, ab 1961 durften über 1000 Fahrzeuge ohne neu vorgeschriebener Schienenbremse nur mehr mit 25 km/h fahren. Fast zwei Drittel aller Linien erhielten daraufhin auf 25 km/h hin abgestimmte Fahrpläne. Straßenbahn und Auto standen gemeinsam im Stau, der Ausbau der Straße verlief auf Hochtouren. Um Platz für das Auto zu schaffen, beschloss die Wiener Stadtregierung, einzelne Linien unter die Erde zu verlegen: 1963 begann die Verlegung der Straßenbahn unter die Zweierlinie zwischen der Secession und der Landesgerichtsstraße, Mitte der 1960er-Jahre die Verlegung unter den Gürtel von der Eichenstraße bis zum Südtiroler Platz. Ab 1964 gab es zwecks Einsparungen einen Probebetrieb mit einem schaffnerlosen Beiwagen.

Dieses Foto zeigt einen Sonderzug mit der Type K in der Herbeckstraße. Die Type K war von 1912 bis 1972 im Einsatz und fand ihr Ausgedinge auf der Linie 31/5. Bei diesem Foto handelt es sich allerdings um eine Sonderfahrt am 2. März 1986. Der Wagen 2447 kann nach wie vor für Sonderfahrten gemietet werden.

Die 1970er-Jahre

Eisenbahn

Von den einstigen großen, prachtvollen Wiener Bahnhofsgebäuden existierte 1970 nur noch der Aspangbahnhof. Der Franz-Josefs-Bahnhof war in schlichter Bauweise modernisiert worden, der Westbahnhof und der Südbahnhof waren Nachkriegs-Neubauten, der Durchgangsbahnhof Praterstern ersetzte den Nordbahnhof, der Nordwestbahnhof diente nur mehr dem Güterverkehr. Eine Besonderheit war der kleinste Wiener Kopfbahnhof in Stammersdorf, Ausgangspunkt der Stammersdorfer Lokalbahn ins Weinviertel. Er besaß keine Verbindung mit dem übrigen Wiener Schienennetz. Elektrifiziert waren nur die sogenannte Schnellbahn-Stammstrecke von Meidling nach Floridsdorf und ihre weiterführenden Äste nach Stockerau und Gänserndorf, die von der Stammstrecke abzweigende Strecke über Schwechat nach Wolfsthal und die West- und Südbahn. Wobei die 1970er-Jahre ein Jahrzehnt werden sollten, in dem man in Wien und Umgebung sehr viele Strecken elektrifizierte. Viele Züge waren noch mit Dampfloks bespannt, die in den Zugförderungen Wien Nord und Wien Ost stationiert waren. Die Vorortelinie diente nur dem Güterverkehr, die Strecke längs der Donau ab der Stadlauer Brücke endete vor der früheren Brücke über den Donaukanal, die dem Zweiten Weltkrieg zum Opfer gefallen ist.

Ein Blick ins Kursbuch von 1970 zeigt deutlich die Lage Wiens am Rand der westlichen Welt: Es gab nur einen Schnellzug vom Südbahnhof (Ostseite) über die Nordbahn nach Warschau mit Kurswagen nach Prag, Krakau und Moskau. Vom Südbahnhof (Ostseite) aus verkehrten zudem zwei Zugpaare nach Marchegg mit Kurswagen nach und von Bratislava. Vom Bahnhof Praterstern, der vorwiegend dem Schnellbahnverkehr und dem Lokalverkehr auf der Nord- und Nordwestbahn diente, fuhr ein Lokalzug grenzüberschreitend nach Břeclav mit Kurswagen nach Warschau. Vom Franz-Josefs-Bahnhof verkehrte der Paradezug Vindobona nach Prag und Ost-Berlin, zusätzlich gab es eine Nachtzugverbindung nach Ost-Berlin. Vier Schnellzugverbindungen fuhren vom Westbahnhof über die Verbindungs- und Ostbahn nach Ungarn: zwei Saisonzüge nach Budapest, zwei weitere Züge bis Bukarest, darunter der „Orient-Express“, der mit dem berühmten Zug nur noch den Namen gemein hatte. Leichter erreichbar waren Ziele in der westlichen Welt oder dem blockfreien Jugoslawien: Der Südbahnhof war Ausgangspunkt für Züge nach Venedig, Ancona, Rom, Rijeka, Split und Belgrad. Ein Zug führte sogar Kurswagen nach Istanbul und Athen. Vom Westbahnhof aus ließen sich verschiedene Großstädte in Deutschland erreichen, weiters Amsterdam, Paris, Basel, Ostende und Kopenhagen. Auch innerhalb Österreichs konnten Reisende über Nacht unterwegs sein: Gleich mehrere Verbindungen führten Richtung Tirol und Vorarlberg. Der Süden des Landes war ebenfalls über Nacht erreichbar: Ein Zug fuhr in

Von 1970 bis 1973 waren noch drei Lokomotiven der Reihe 78 vor Personenzügen auf der Nordbahn im Einsatz, fallweise auch auf der Nordwestbahn. Der Zug verlässt soeben den Bahnhof Praterstern (Aufnahme aus dem Jahr 1972).

1971 waren im Raum Wien noch zahlreiche Dampflokomotiven unterwegs. Die Lokreihe 392 stammt aus den 1920er-Jahren und war stets im Verschub im Einsatz, wofür ihre Höchstgeschwindigkeit von 40 km/h völlig ausreichte. Ein Jahr nach dieser Aufnahme im Bahnhof Stadlau endete der Einsatz der Reihe.

Wien Süd um 23.45 Uhr ab und kam in Villach um 6 Uhr an (nur Sitzwagen 1. und 2. Klasse, keine Schlaf- und Liegewagen), ein anderer fuhr über Nacht von Wien Süd nach Graz. Der bot nur Sitzwagen der 2. Klasse und erreichte Graz um 3.52 Uhr.

Auf der Stammstrecke der Schnellbahn zwischen Meidling und Floridsdorf genügte tagsüber ein Viertelstundentakt, der in der Hauptverkehrszeit auf sieben beziehungsweise acht Minuten verdichtet wurde. Neben Gänserndorf und Stockerau erreichte die Schnellbahn auf der Südbahn auch Wiener Neustadt. Ohne zur Schnellbahn zu zählen, gab es Anfang der 1970er-Jahre schnellbahnähnlichen Verkehr auf der Westbahn zwischen Hütteldorf-Hacking und Unter Purkersdorf, wo der sogenannte Purkersdorfer Pendler bis zu seiner Umstellung auf eine Buslinie bis 1972 verkehrte. Zudem existierte ein Pendelverkehr mit Elektrotriebwagen zwischen Westbahnhof und Rekawinkel beziehungsweise Neulengbach. Auf der Franz-Josefs-Bahn gab es einen Taktverkehr mit Dieseltriebwagen bis nach Tulln, ebenso pendelten Dieseltriebwagen vom Südbahnhof (Ostseite) nach Erzherzog-Karl-Straße. Noch bis 1972 kontrollierten Schaffner die Zugänge zu den Bahnsteigen der Schnellbahn.

Was tat sich in den 1970er-Jahren? Im Mai 1971 wurde bei gleichzeitiger Eröffnung der nahe gelegenen Station Rennweg der Aspangbahnhof aufgelassen und später abgetragen. Die Fachzeitschrift „Eisenbahn“ orakelte 1971 in einem Bericht über das Projekt einer Schnellbahn zum Flughafen: „Ob es tatsächlich jemals zur Ausführung dieses Projektes kommen wird? Diese Frage kann fast mit Sicherheit verneint werden.“ Jedoch eröffnete 1977 ein neuer, unterirdischer Bahnhof am Flughafen Wien-Schwechat. Die anfangs Flughafenbahn genannte Strecke bot einen Stundentakt.

Die Schnellbahn entwickelte sich in den 1970er-Jahren so gut, dass Garnituren der Reihe 4030.200 nachbestellt und der Verkehr auf der Stammstrecke verstärkt werden musste. 1979 begann der Einsatz der Schnellbahnreihe 4020.

Was tat sich in diesem Jahrzehnt abseits der Schnellbahn? Eines der wichtigsten Projekte des Jahres 1971 war die Trassenverlegung der Verbindungsbahn zwischen Maxing und Meidling, wodurch neun schienengleiche Übergänge aufgelassen werden konnten. Elektrifiziert in Betrieb ging sie 1974. Wegen des Abbruchs und der anschließenden Neuerrichtung des Franz-Josefs-Bahnhofs inklusive seiner Überbauung mit Bürogebäuden in den Jahren 1974 bis 1980 verkehrte der Vindobona von Wien nach Berlin ab Fahrplanwechsel 1974 ab dem Bahnhof Landstraße. Um den internationalen Fahrgästen die Orientierung zu erleichtern, benannten die ÖBB Landstraße in Wien Mitte und Praterstern in Wien Nord um. Mitte der 1970er-Jahre begannen die Vorarbeiten zur Errichtung des Zentralverschiebebahnhofs. Am 29. Mai 1976 fuhr der letzte planmäßige Dampfzug auf Wiener Boden von Stammersdorf aus ins Weinviertel. 1978 begann der elektrische Verkehr zwischen Franz-Josefs-Bahnhof und Tulln.

Infolge des Reichsbrückeneinsturzes am 1. August 1976 kam es zu Taktverdichtungen zwischen Floridsdorf und Wien Mitte sowie zwischen Wien Südbahnhof (Ostseite) und Erzherzog-Karl-Straße. Die im Sommer 1975 verhängte Teilbetriebssperre der Vorortelinie wurde aufgehoben, um Platz für Umleitungsverkehr zu schaffen. Während dieser Betriebssperre hätte die Vorortelinie elektrifiziert werden sollen, tatsächlich aber stand die Einstellung der nur noch mit 25 km/h befahrbaren Strecke im Raum. Umso größer war die Überraschung, als 1979 der

Der Franz-Josefs-Bahnhof Anfang der 1970er-Jahre.

Ausbau der Vorortelinie zu einer Schnellbahnlinie begann. Die Sperre der Floridsdorfer Brücke Ende des Jahres 1976 hatte eine weitere Taktverdichtung auf der Stammstrecke der Schnellbahn zur Folge.

Zur Komplettierung der Wiener Schienenwege darf zu guter Letzt nicht auf die Schmalspurbahnen vergessen werden: Die bekanntesten waren – und sind es nach wie vor – die seit 1928 fahrende Liliputbahn im Prater und die 1964 eröffnete Donauparkbahn. Eine echte Feldbahn verkehrte im Versorgungsheim Lainz, sie beförderte auf dem weitläufigen Gelände Speisen und andere Dinge des täglichen Bedarfs. Schmalspurig waren auch zahlreiche Hausrollbahnen, die, von Menschenkraft bewegt, in (Werkstätten-)Innenhöfen Transporte besorgten. Ein eisenbahntechnisches Kuriosum war die 2,3 Kilometer lange Einschienenbahn mit zwei Haltestellen, die 1974 das Gelände der WIG 74 erschloss. Allerdings war ihr kein langes Leben beschieden. Die Zeitschrift „Eisenbahn“ monierte 1974: „Wenn man gesehen hat, wie die wirklich wunderschön gestaltete Parklandschaft durch dieses auf Stelzen verlaufende Eisenband verschandelt wird, drängt sich zwangsläufig die Frage auf, welchen Sinn für Ästhetik die für diese Anlage Verantwortlichen gehabt haben.“

Mitte der 1970er-Jahre stand dieses altösterreichische Vorsignal auf der ehemaligen Anschlussbahn von Leopoldau bis zum Gaswerk Leopoldau noch in Verwendung.

Die Bauarbeiten für den Verschiebebahnhof Breitenlee begannen in der Zeit des Ersten Weltkrieges, bereits 1926 kam es zu dessen Stilllegung. Nur wenige Gleise haben sich bis in die Gegenwart erhalten. Das Bild entstand Mitte der 1970er-Jahre, ein Klappdeckelwagen war da bereits eine Rarität auf Schienen. Noch existierte die Straßenbrücke über das Gelände, sie war aber nicht mehr befahrbar. Mittlerweile hat sich die Natur das Areal abseits der wenigen noch vorhandenen Gleise zurückerobert.

1974 begann der Abriss des alten Gebäudes des Franz-Josefs-Bahnhofs. 1975, zum Zeitpunkt der Aufnahme, ist aufgrund der bereits fehlenden Vorderfront der Blick aus dem Abfahrtsbereich auf die Gebäude des Julius-Tandler-Platzes möglich. Der Triebwagenanhänger hat das Baujahr 1939. Ein Exemplar dieser Baureihe besitzt der Österreichische Club für Diesellokgeschichte (ÖCD).

Seit 1965 gibt es das Feld- und Industriebahnmuseum. Der ehemalige Standort an der Verbindungsbahn südlich des Bahnhofs Unter St. Veit konnte nicht vergrößert werden, daher übersiedelte das Museum 1983 nach Freiland (bei Türnitz). Aufnahme von 1976.

Einen Tag nach dem Einsturz der Reichsbrücke zogen die ÖBB einen halbstündlich fahrenden S-Bahn-Verkehr mit der Reihe 4030 zwischen Wien Südbahnhof und Erzherzog-Karl-Straße auf (Aufnahme vom August 1976).

Ein Pendlerzug durchfährt Ende der 1970er-, Anfang der 1980er-Jahre den Bahnhof Jedlersdorf. Erst im Jahr 2000 begannen die Umbauarbeiten zu einer modernen Station.

Fotohalt bei einer Sonderfahrt 1979 im Bahnhof Ottakring der Vorortelinie. Herabgekommen und desolat, vermittelt der Bahnhof den Eindruck eines Lost Place.

Zustand der Haltestelle Breitensee der Vorortelinie im Jahr 1979. 1987 nahm die Vorortelinie den Betrieb als moderne Schnellbahn wieder auf. Die Station musste im Zuge dessen neu errichtet werden.

Einen verfallenen Eindruck machte 1979 der geschlossene Warteraum am Bahnsteig des Bahnhofs Hütteldorf.

Straßenbahn, Stadtbahn und U-Bahn

Wien, 1970: Die Kriegsschäden waren beseitigt, die Wohlstandsgesellschaft hatte sich etabliert, der Autoverkehr wuchs. Die Beförderungsleistung der Wiener Stadtwerke – Verkehrsbetriebe war 1970 hingegen, so wie in den Jahren zuvor, rückläufig. Rund 420 Millionen „Beförderungsfälle", wie die Verkehrsbetriebe ihre Fahrgäste bezeichneten, waren mit Straßenbahn, Stadtbahn und Autobus unterwegs. Grund für den Rückgang war der steigende Autoverkehr. Die Stadt zählte in diesem Jahr 319.853 Personenkraftwagen. Die Wiener Stadtwerke-Verkehrsbetriebe verfügten Ende 1970 über 924 Straßenbahntriebwagen und 937 Straßenbahnbeiwagen, 130 Stadtbahntriebwagen und 200 Stadtbahnbeiwagen. Das Straßen- und Stadtbahnnetz umfasste 1970, bei fallender Tendenz, noch rund 240 Kilometer Länge. Auf die Entwicklung des Busverkehrs gehen wir in unserem Buch nicht ein, erwähnenswert ist aber, dass es 1955 bis 1968 einen täglichen nächtlichen Busverkehr gegeben hat, der durch den steigenden Autoverkehr obsolet geworden war. Mit der Badner Bahn, die von der Wiener Oper bis Meidling als Straßenbahn und weiter als Überlandstraßenbahn die Verbindung mit Baden herstellte, und der Linie 317 nach Groß Enzersdorf existierten Anfang der 1970er-Jahre noch zwei von ursprünglich mehreren Straßenbahnlinien nach Niederösterreich. Letztere ist Ende August 1970 eingestellt worden. Noch waren zahlreiche Straßenbahntypen auf Wiens Straßen unterwegs, die ältesten mit offenen Türen stammten aus der Zeit vor dem Ersten Weltkrieg, eine etwas modernere Variante aus den 1920er-Jahren. Sowohl diese Oldtimer als auch modernere Fahrzeuge waren nach wie vor mit Schaffnern besetzt, allerdings waren 1970 auf bereits 21 Linien auch schaffnerlose Wagen mit Fahrscheinentwertern unterwegs. Die Zeichen der Zeit standen auf Rationalisierung des Betriebs und Kosteneinsparung: Es hieß nicht nur immer öfter „schaffnerlos", es sind seit 1958 auch zahlreiche Straßenbahnlinien auf Autobus umgestellt worden. Auf der Stadtbahn waren Zweiachser im Einsatz, die maximal 45 km/h erreichten. Diese Züge waren durch Umbauten aus älteren Vorgängerfahrzeugen entstanden. Eine U-Bahn gab es noch nicht, aber 1969 haben die Bauarbeiten an der U1 begonnen. Karls-, Stephans- und Schwedenplatz entwickelten sich zu umfangreichen Baustellen.

Was waren die wichtigsten Ereignisse der 1970er-Jahre? 1970 kamen erstmals Straßenbahnfahrerinnen zum Einsatz, 1972 verkehrte erstmals eine Garnitur ganz ohne Schaffner. 1970 bis 1972 wurden zahlreiche weitere Straßenbahnlinien eingestellt beziehungsweise auf Busse umgestellt. Das betraf die Linien 17A (von Floridsdorf nach Leopoldau), 39 (von der Schottengasse bis Sievering), 317 (von Kagran nach Großenzersdorf), 217 (von Kagran nach Englisch Feld), 106 (von der Krausegasse bis zur Simmeringer Lände) und 17 (von Floridsdorf nach Kagran). Letztere Strecke blieb erhalten, da die in der Donaufelder Straße ansässigen Lohner-Werke für den Abtransport dort gefertigter Schienenfahrzeuge einen Gleisanschluss benötigten. Auch die Linien 59 und 33 (alt) verschwanden. Die Linie 11 wurde 1974 eingestellt. Grund dafür war die Elektrifizierung des Eisenbahnverbindungsbogens zwischen Nordbahnhof und Donauuferbahnhof. Der ältere Autor weiß noch, dass zuvor jede Straßenbahn vor der Eisenbahnkreuzung stehen bleiben musste und der Schaffner ausstieg, um sich zu vergewissern, dass kein Zug kam. Erst dann fuhr die Straßenbahn weiter. Die Einstellungen hatten auch Auflassungen einiger nicht mehr benötigter Straßenbahnremisen zur Folge.

Zugleich fand, schon einige Jahre andauernd, ein Modernisierungsprozess durch die Beschaffung moderner Gelenktriebwagen der Typen E/E1 und neuer Beiwagen statt. Ende des Jahres 1972 verschwand nach 60 Dienstjahren die Straßenbahntype K (1912–1972), aber es dauerte noch weitere sieben Jahre, bis die letzten Wagen mit offenen Türen der Type M (1927–1979) ausgemustert wurden. Gegen Ende des Jahrzehnts erschienen neue Hochflurgroßraumzüge auf den Straßenbahngleisen Wiens, die Trieb- und Beiwagen der Typen E2 und c5. Die Badner Bahn bekam ab 1979 Hochflurgroßraumzüge der Reihe 100. Tatsächlich entstanden in den 1970er-Jahren auch Neubaustrecken: 1971 eröffnete die rund zwei Kilometer lange Strecke für die damalige Linie 16 von Stadlau Ostbahn bis zur Zschokkegasse, 1972 und 1974 die schrittweisen Verlängerungen der Linie 167 zunächst um ein paar Hundert Meter zur Per-Albin-Hansson-Siedlung Ost und später um weitere 969 Meter zur Wiener Internationalen Gartenschau 1974 (WIG 74). 1979 ging das erste 3,3 Kilometer lange Teilstück der neu gebauten Straßenbahnstrecke für die Linie 64 Richtung Alt Erlaa in Betrieb. Sie war als Schnellstraßenbahnstrecke in Hinblick auf einen späteren Umbau auf eine U-Bahn-Strecke konzipiert.

1974 nahm die neue Zentralwerkstätte in Simmering, die die alte Straßenbahn-Hauptwerkstätte in Rudolfsheim, die Autobuswerkstätte in Favoriten und weitere kleinere Werkstätten ersetzte und gleichzeitig unter einem Dach vereinte, ihren Betrieb auf. Sie bot bereits Platz für die Wartung der Züge des kommenden U-Bahn-Betriebs. Mitte des Jahrzehnts gab es eine Tariferhöhung. Die „Kronen Zeitung“ vom 4. Dezember 1974 titelte: „Wien hat teuerste Tramway der Welt“. Eine Jahresnetzkarte gab es nicht, ein Fahrschein kostete acht Schilling. Das entspricht auf heute umgelegt 2,65 Euro, wobei ein heutiger Einzelfahrschein 2,40 Euro kostet.

1976 eröffnete der erste Teilabschnitt der U4, eine Fachzeitschrift berichtete darüber: „Der 8. Mai wird als denkwürdiges Datum in die Wiener Verkehrsgeschichte eingehen. Um 10 Uhr wurde der öffentliche Verkehr auf der ersten U-Bahn-Strecke Heiligenstadt–Friedensbrücke aufgenommen“, nachdem dieser Stadtbahn-Abschnitt schon ab 1972 dem Silberpfeil – parallel zum Stadtbahnverkehr (!) – als Versuchsstrecke gedient hat. Ab 1976 musste in der Station Friedensbrücke von der U-Bahn in die Stadtbahn umgestiegen werden. 1978 eröffnete die Verlängerung von der Friedensbrücke zum Schottenring, später im Jahr die Verlängerung vom Schottenring zum Karlsplatz. Während auf der U4 schon vor der Umstellung auf die U-Bahn die Züge der Stadtbahn fuhren, eröffnete am 25. Februar 1978 mit dem U1-Abschnitt vom Karlsplatz zum Reumannplatz Wiens erste wirklich neue U-Bahn. Gleichzeitig erfolgte die Einstellung der Linien 66 und 167 zwischen Ring und Reumannplatz. Gegen die ebenso geplante Einstellung der Linie O durch die Laxenburger Straße vom Südbahnhof bis zur Quellenstraße regte sich Widerstand: Der ältere Autor erinnert sich noch an die Sammlung von Unterschriften am Südtiroler Platz gegen diese Maßnahme, was schließlich zum Erfolg führte. Noch 1978 erreichte die U1 den Stephansplatz, 1979 den Nestroyplatz.

In den 1970er-Jahren gab es einige Probleme mit Brücken: Im Juni 1975 musste die schadhafte Philadelphiabrücke gesperrt

Bis 2. Jänner 1984 fuhr die Linie J bis nach Erdberg, dann wurde sie wegen U-Bahn-Bauarbeiten ab der Oper eingestellt. Hier hält der Zug an der Endstation vor der Remise Erdberg Ende der 1970er-Jahre. Heute ist dort alles verparkt.

Anfang der 1970er-Jahre war die Kombination aus altem Triebwagen und modernem Beiwagen noch Alltag. Derartige Züge bekamen den Spitznamen „Halbstarke". Die Aufnahme in der Rauscherstraße entstand jedoch erst 1989 im Rahmen einer Sonderfahrt.

werden, die Straßenbahnlinie 62 verkehrte daher in zwei Teilstrecken. Spektakulär war der Einsturz der Reichsbrücke am 1. August 1976. Dieser bedingte umfangreiche Sofortmaßnahmen (siehe Seite 41) und nachhaltige Veränderungen im Straßenbahnverkehr. Die bereits geschlossene Remise Kagran wurde nach dem Brückeneinsturz für kurze Zeit reaktiviert. Innerhalb weniger Wochen erfolgte die Verlängerung der Linie 25 nach Leopoldau und der Bau einer Straßenbahnersatzbrücke. Im Dezember 1976 musste die Floridsdorfer Brücke wegen ihres schlechten Erhaltungszustandes gesperrt werden. Nach einer Sanierung und der Verschwenkung der Straßenbahngleise auf den besser erhaltenen Brückenteil konnte die Brücke für die Straßenbahn wieder geöffnet werden. Für den Autoverkehr blieb sie gesperrt. In Rekordzeit erfolgte bis 1978 der Neubau der Floridsdorfer Brücke parallel zur alten Brücke. Die Pfeiler der alten Brücke ragen bis heute aus der Donau.

Ende des Jahrzehnts setzten die Verkehrsbetriebe eine nahezu revolutionäre Maßnahme zur Beschleunigung der Straßenbahn auf der inneren Mariahilfer Straße und der Brünner Straße durch die Anbringung von sogenannten Stuttgarter Schwellen zur Abgrenzung des Gleiskörpers gegenüber dem Individualverkehr um, wodurch sich Verspätungen der Straßenbahn dort stark verringert haben. Der für Verkehr zuständige Stadtrat Heinz Nittel erklärte zu der umstrittenen Maßnahme, er sei „nicht bereit, wegen nur 15 Autos, die eine komplette Fahrspur verparken, derartige Verspätungen des öffentlichen Verkehrs hinzunehmen".

Anlässlich der WIG 74 erschloss eine nur kurz bestehende Einschienenbahn das Gelände.

1975 fuhr zwischen Heiligenstadt und Friedensbrücke noch die Stadtbahn neben den bereits vorhandenen Gleisanlagen des U4-Betriebsbahnhofs Wasserleitungswiese. Am 8. Mai 1976 begann der Fahrgastbetrieb der U-Bahn in diesem Abschnitt. Links ist die noch nicht elektrifizierte Franz-Josefs-Bahn zu sehen.

Wolfgang Grafeneder fotografierte am 17. April 1973 diese formschöne Garnitur vor dem Parlament. Die Triebwagen der Type T1 waren von 1954 bis 1977, die dazu passenden Beiwagen der Type k6 von 1951 bis 1973 im Einsatz. Viele Fahrgäste schauten gar nicht mehr auf das Liniensignal – sie identifizierten mit diesen Fahrzeugen die Linie T.

Nicht alltäglich war auf der Linie 71 der Einsatz der Typen B/b/b, wegen der Geräusche ihrer pneumatischen Schiebetüren „Zischer“ genannt. Hier sehen wir einen Dreiwagenzug am 1. November 1974.

Beschaulich geht es in der Engerthstraße am Dienstag, dem 11. Dezember 1973, zu. Ein Solo-Triebwagen der Type B auf der Linie 11 genügt, um das Verkehrsaufkommen zu bewältigen. Am 6. Jänner 1974 wurde der 11er eingestellt und zwischen Friedrich-Engels-Platz und Elderschplatz auf Autobus umgestellt. Heute sind dort zwei Buslinien mit XL-Gelenkbussen nötig, um die Massen zu befördern.

Am 3. April 1975 fotografierte Wolfgang Grafeneder diese „Zischer"-Garnitur der Linie 9 vor der Station Gumpendorfer Straße. Damals fuhr die Linie 9 zur Hauptverkehrszeit vom Westbahnhof verlängert nach Meidling.

1975 entstand diese Aufnahme in der Materialrutsche Stromstraße. Der per Eisenbahn angelieferte Schotter wurde hier auf Straßenbahnwaggons umgeladen und zu Strecken mit entsprechendem Oberbau transportiert. Die Wagentype namens ko2 weist die Baujahre 1925 bis 1929 auf.

Am 21. Mai 1975 biegt ein Zug der Linie 58 von der Mariahilfer Straße in die Schlossallee ein. Die sogenannten Kriegsstraßenbahnwagen (in Serie gebaut ab 1944) gelangten in Wien mit der Typenbezeichnung A erst im November 1945 in den Linienverkehr. Bis zu ihrer Ausmusterung 1975 waren sie hauptsächlich auf den Linien 52, 58 und 59 im Einsatz. Seit dem 2. September 2017 ersetzen die Linien 10 und 60 die Linie 58.

15 Fahrzeuge waren von der 1959 und 1960 gebauten Type D1 im Einsatz. Lange Zeit waren es die Stammfahrzeuge auf der Linie 41. Am 9. Jänner 1976 fotografierte Wolfgang Grafeneder den 4310 in der Hormayrgasse. Dieser Triebwagen war auch als letzter seiner Reihe am letzten Einsatztag eines D1, am 2. Juli 1976, auf der Linie 9 im Einsatz.

Am 1. August 1976 stürzte die Reichsbrücke ein, hier der Zustand am Nachmittag dieses Tages.

Am Tag des Einsturzes der Reichsbrücke mussten die Wiener Stadtwerke – Verkehrsbetriebe sofort improvisieren. So wurde der 26er von Stadlau nach Kaisermühlen umgeleitet. Da dafür zu wenig Schienenfahrzeuge vorhanden waren, halfen auch Busse aus. Nachdem an diesem Tag kein Badewetter herrschte, war es in der Endstation Kaisermühlen recht ruhig.

rathaus information **ri** rathaus-schmidthalle
telefon: 43·89·89

werte fahrgaeste

wegen des einsturzes der reichsbruecke wurden im oeffentlichen verkehr folgende massnahmen getroffen:

1. die strassenbahnlinie ak wird ab stadionschleife durch die wehlistrasse bis zur stadlauer eisenbahnbruecke gefuehrt.
2. die autobuslinie 22 b wird (statt zum schuettauplatz) ueber die praterbruecke bis zur wehlistrasse gefuehrt (anschluss a und ak). zwischen schuettauplatz und wehlistrasse verkehrt eine neue autobuslinie 22 b (gestrichen).
3. die autobuslinie 27 a durch die donaufelder strasse wird wesentlich verstaerkt, die intervalle in der hauptverkehrszeit werden auf 2 1/2 minuten verkuerzt.
4. die intervalle der strassenbahnlinie j werden in der hauptverkehrszeit auf 4 minuten gekuerzt.
5. die strassenbahnlinie 26 wird im 2. bezirk ab praterstern durch die ausstellungsstrasse bis zum elderschplatz, im 22. bezirk von der wagramer strasse durch die schuettaustrasse bis zum schuettauplatz gefuehrt.
6. die strassenbahnlinie 25 faehrt ebenfalls ab wagramer strasse durch die schuettaustrasse bis zum schuettauplatz.
7. zwischen dem ostbahnhof und dem bahnhof stadlau (mit den haltestellen lobau, stadlauer bruecke - hauptallee und simmeringer hauptstrasse) richten die oebb einen schnellbahnverkehr ein, fuer den die fahrausweise der wiener verkehrsbetriebe gelten.
8. auf der schnellbahnstation floridsdorf - wien mitte werden die intervalle verkuerzt.
9. die autobuslinie 24 b wird von genochplatz bis zum schnellbahnhof stadlau verlaengert.

wir empfehlen fuer die fahrt zum stadtzentrum vor allem die benuetzung der schnellbahn.

ihre
wiener verkehrsbetriebe

Rasch reagierten die Wiener Stadtwerke – Verkehrsbetriebe nach dem Reichsbrückeneinsturz mit Maßnahmen zur Aufrechterhaltung des Mobilitätsangebots.

Innerhalb von ein paar Wochen war die Ersatzbrücke für die Straßenbahn fertiggestellt. Sie konnte bereits am 16. Oktober 1976 in Betrieb genommen werden.

Infolge des Einsturzes der Reichsbrücke kam es zu Untersuchungen der übrigen Wiener Donaubrücken, die bei der Floridsdorfer Brücke tatsächlich Mängel aufdeckten. Daraus resultierte die Sperre der Brücke am 23. Dezember 1976. An diesem Tag entstand auch das Foto.

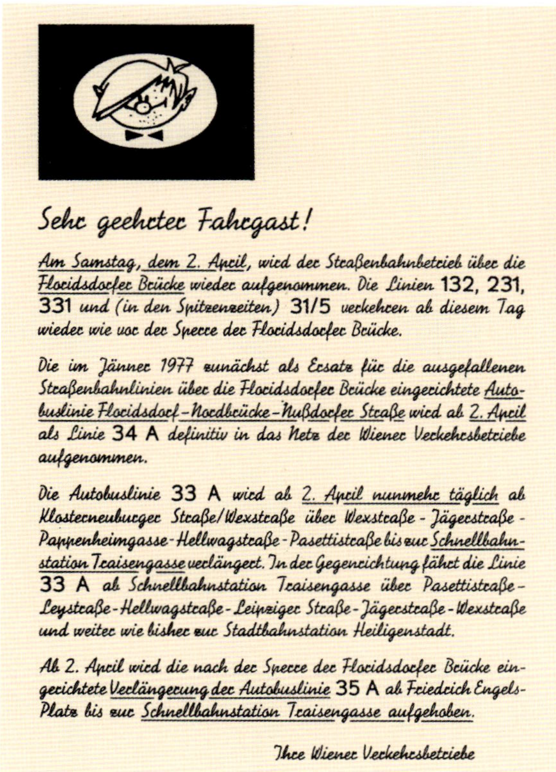

Sehr geehrter Fahrgast!

Am Samstag, dem 2. April, wird der Straßenbahnbetrieb über die Floridsdorfer Brücke wieder aufgenommen. Die Linien 132, 231, 331 und (in den Spitzenzeiten) 31/5 verkehren ab diesem Tag wieder wie vor der Sperre der Floridsdorfer Brücke.

Die im Jänner 1977 zunächst als Ersatz für die ausgefallenen Straßenbahnlinien über die Floridsdorfer Brücke eingerichtete Autobuslinie Floridsdorf–Nordbrücke–Nußdorfer Straße wird ab 2. April als Linie 34 A definitiv in das Netz der Wiener Verkehrsbetriebe aufgenommen.

Die Autobuslinie 33 A wird ab 2. April nunmehr täglich ab Klosterneuburger Straße/Wexstraße über Wexstraße - Jägerstraße - Pappenheimgasse - Hellwagstraße - Pasettistraße bis zur Schnellbahnstation Traisengasse verlängert. In der Gegenrichtung fährt die Linie 33 A ab Schnellbahnstation Traisengasse über Pasettistraße - Leystraße - Hellwagstraße - Leipziger Straße - Jägerstraße - Wexstraße und weiter wie bisher zur Stadtbahnstation Heiligenstadt.

Ab 2. April wird die nach der Sperre der Floridsdorfer Brücke eingerichtete Verlängerung der Autobuslinie 35 A ab Friedrich Engels-Platz bis zur Schnellbahnstation Traisengasse aufgehoben.

Ihre Wiener Verkehrsbetriebe

Wegen der Sperre der Floridsdorfer Brücke wendeten die vom Schottenring kommenden Linien 331 und 132 am Friedrich-Engels-Platz. Die Linie 29 verkehrte nur bis zur Schwedenbrücke (eigentlich zur Oberen Donaustraße nahe der Schwedenbrücke), weil eine Querung des Donaukanals wegen des U-Bahn-Baus nicht möglich war (Aufnahme vom 23. Dezember 1976).

In Rekordzeit konnte durch die Verschwenkung der Gleise die Befahrung der alten, desolaten Floridsdorfer Brücke für die Straßenbahn wieder ermöglicht werden.

Ziemlich anachronistisch wirkt dieser Kranwagen mit dem Baujahr 1927 inmitten der in den 1970er-Jahren modernsten Fahrzeuge der Type E1. Er stand 62 Jahre im Einsatz und befindet sich nun im Eigentum der Museumstramway Mariazell.

Der Triebwagen gehört zur Reihe L3 (1957–1984), zu sehen als Linie J am Johann-Nepomuk-Berger-Platz in den späten 1970er-Jahren. Nun fährt dort die Linie 2, allerdings nicht mehr quer über den Platz, sondern um die mittlerweile zu einem Park umgestaltete Fläche herum, entlang der im Hintergrund erkennbaren Häuser. Das rechte Haus steht noch, das linke ist durch einen gesichtslosen Neubau ersetzt.

In den 1970er-Jahren war das Schuttgleis Autokaderstraße noch voll in Betrieb. Der hierher transportierte Schutt diente der Verfüllung des ehemaligen Donauarms Schwarze Lacke. Das Anschlussgleis existierte bis Mitte der 1980er-Jahre. Leider hat sich der ältere Autor nicht notiert, wann er das Foto gemacht hat.

„Tramway foan, Tramway foan, des is mei größte Freid." Ein Straßenbahnfahrer erinnert sich

„Tramway foan, des is mei größte Freid", besingt Martha Margit Butbul, besser bekannt als Jazz Gitti, eine Fahrt mit der Straßenbahn aus Sicht eines Fahrgasts. „Tramway foan war nicht meine größte Freude, sondern mein Beruf", hält Karl Vodera senior fest. Allerdings einer, den er gerne gemacht hat. Vodera, geboren 1946, absolvierte nach der Schule eine Lehre zum Gas-, Wasser- und Heizungsinstallateur inklusive erfolgreich absolvierter Gesellenprüfung. Doch das Hantieren mit schweren Heizkörpern hat seinem Rücken nicht gutgetan, sodass er auf Empfehlung eines Arztes den Beruf aufgab und 1972 eine Ausbildung zum Straßenbahnfahrer begann. Wie lief so eine Ausbildung ab? Die Fahrschüler absolvierten zunächst einen Theoriekurs zu den Themen Signalanlagen und Fahrzeugtechnik. Nach bestandener Prüfung fuhren sie in Begleitung eines Fahrlehrers mit einer leeren, als Fahrschule gekennzeichneten Garnitur im Straßenbahnnetz und schließlich, ebenfalls noch unter Aufsicht, im regulären Linienverkehr. Nach rund zwei Monaten bestätigte der Lehrer die Befähigung zum selbstständigen Fahren. Innerhalb eines weiteren Monats gab es dann noch Überprüfungen durch Zivilkontrolleure.

Karl Vodera

Vodera begann als Fahrschüler am Straßenbahn-Betriebsbahnhof (auch Remise oder schlicht Bahnhof genannt) Brigittenau. Nach einiger Zeit als Fahrer am Bahnhof Gürtel, wo er auf den Linien 8 (vom Liechtenwerder Platz nach Meidling S-Bahn), 38 (vom Schottentor nach Grinzing) und D (von Nußdorf zum Südbahnhof) zum Einsatz kam, brachte ein Wohnortwechsel innerhalb Wiens Versetzungen zum Bahnhof Simmering und schließlich zum Bahnhof Erdberg mit sich. In Erdberg musste Vodera 1974 die Schaffnerausbildung absolvieren. Zum Einsatz kam er dann auf den Linien 78 (vom Schottenring zur Hauptallee), J (von der Ottakringer Straße zur Stadionbrücke), T (von St. Marx zur Börse) und 18 (vom Urban-Loritz-Platz zur Stadionbrücke), mitunter am Vormittag als Fahrer, am Nachmittag als Schaffner. Wegen Personalmangels half er immer wieder auf anderen Bahnhöfen aus und fuhr im Lauf der Zeit mit fast allen damals in Wien im Einsatz befindlichen Typen: B (gebaut ab 1951, ausgemustert 1979), E (1959–2007), E1 (1966–2023), F (1963–1996), K (1912–1972), L3 (1957–1984), L4 (1960–1984), M (1927–1979), T1 (1954–1977) und T2 (1955–1982). Am wenigsten schätzte er wegen ihrer ungünstigen Handbremsenbedienung die ältesten von ihm benutzten Wagen der Type K.

Seine Dienstorte erreichte er entweder mit dem eigenen Auto (vor allem, wenn er zu spät aufgestanden war) oder mit dem sogenannten Dienstwagen. Das war eine Straßenbahngarnitur, die vor Betriebsbeginn die Bediensteten einsammelte. So ein Dienstwagen fuhr zum Beispiel vom Bahnhof Erdberg über die Linie 18 zum heute nicht mehr in Betrieb befindlichen Bahnhof Koppreiter in Meidling und über den Bahnhof Favoriten wieder nach Erdberg. Vodera versah im Rahmen einer Fünf-Tage-Woche eine Woche Frühschicht, dann eine Woche Spätschicht.

Seine Frühschicht startete gegen 4.30 Uhr und endete um 14 Uhr, wobei nach 14 Uhr gelegentlich Überstunden anfielen. Die Spätschicht dauerte von 14 Uhr bis Betriebsschluss. Es gab auch sogenannte Unterbrecher, die um 4.30 Uhr begannen, bis 8.45 Uhr dauerten und nach einer Pause ab 14 Uhr bis zwischen 16 und 18 Uhr weiterliefen. Die lange Pause nutzte Vodera für Einkäufe, um sich auszurasten und um in Ruhe zu essen. Nach einer Tour, dem Zurücklegen einer bestimmten Strecke, gab es stets eine Pause von etwa 20 Minuten bis zur nächsten Tour.

Der Dienst begann mit der Anwesenheitsmeldung beim Expeditor. Bei ihm nahm Vodera die Wagenpapiere mit der Wagennummer, den Standort seines Fahrzeugs am Bahnhof und die Abfahrtszeit entgegen. Vodera umrundete das Fahrzeug zur Kontrolle auf etwaige Beschädigungen, die sofort dem Werkmeister gemeldet werden mussten. Dieser überprüfte, ob der Schaden schon zuvor gemeldet worden war. Wenn der Fahrer eine Beschädigung bei Dienstbeginn nicht meldete und diese dem Werkmeister auch unbekannt war, wurde der Fahrer als Verursacher des Schadens beschuldigt.

Fuhr Vodera zum Beispiel einen Dreiwagenzug mit einem Triebwagen der Type M und zwei Beiwagen der Typen m2 oder m3, musste er sich überzeugen, dass der Bügel an die Oberleitung angelegt war und das Schaltgerüst, bestehend aus Schaltkurbel, Umkehrhebel und Schienenbremshebel, vorhanden war. Er überprüfte die Fahrschalterfunktion, schaltete den Überstromschalter ein und kontrollierte, ob der Kuppelschalter, der zur Stromversorgung der Beiwagen diente, eingeschaltet war. Zudem füllte er bei Bedarf Sand in die dafür vorgesehenen Behälter. Wozu? Der Fahrer konnte bei glatten Schienen oder bei Schnellbremsungen zur Verbesserung der Bremsleistung Sand auf die Schienen streuen. Freiwillig half Vodera unterwegs körperlich eingeschränkten Personen beim Ein- und Aussteigen und beim Ein- und Ausladen von Kinderwagen. Die Fahrer waren dazu nicht verpflichtet.

1980 beendete Vodera den Fahrdienst und nahm bis zu seiner Pensionierung 2006 eine Stelle bei den Wiener E-Werken an. Er erinnert sich an keine negativen Seiten des Fahrdienstes, wohl aber an zwei Unfälle mit Personenschaden. Zwar war er in beiden Fällen unschuldig, ein angenehmes Andenken ist das trotzdem nicht. Positiv fand er die gute Gemeinschaft unter Kollegen und die Schicht- und Unterbrecherdienste, weil die auch eine Menge Freizeit mit sich brachten.

Die 1980er-Jahre

Eisenbahn

Anfang der 1980er-Jahre lag Wien immer noch am östlichen Rand der westlichen Welt, der Hauptverkehr der Eisenbahn war Richtung Westen orientiert. Am Zugangebot in den Osten hatte sich seit 1970 nichts geändert, von Wien aus wurden zahlreiche Destinationen in ganz Europa angefahren, wie Rom, Constanza, Marseille, Paris, Amsterdam, Ostende, Istanbul und Athen. Das Angebot in die Landeshauptstädte hatte sich verbessert, auch im Nahverkehr gab es im Vergleich zu 1970 Verbesserungen. Noch genügte auf der Schnellbahn-Stammstrecke tagsüber ein Viertelstundentakt, verstärkt mit Zwischenfahrten an Werktagen von Montag bis Freitag. Schnellbahnverkehr gab es auch von Wien Südbahnhof nach Hirschstetten-Aspern.

Auch in den 1980er-Jahren fand ein weiterer Ausbau von Bahnstrecken und Infrastruktur in Wien statt. So entstanden im Lauf des Jahrzehnts zahlreiche neue Stellwerke: Im Bereich des Verschiebebahnhofs Wien-Matzleinsdorf errichteten die ÖBB ihr bisher größtes Spurplan-Drucktastenstellwerk. Ein weiteres Zentralstellwerk ging in Süßenbrunn in Betrieb, auch Liesing, Heiligenstadt und Floridsdorf erhielten neue Stellwerke. Das traditionsreiche Reiterstellwerk am Bahnhof Meidling hingegen wurde abgetragen. Der Abschnitt von Altmannsdorf nach Inzersdorf bekam ein zweites Gleis. Für die 1983 eingerichtete Schnellbahn nach Mistelbach entstanden neue Gleisverbindungen zwischen Nord- und Ostbahn. Am 27. September 1986 nahmen die beiden Autoren an den Eröffnungsfeierlichkeiten der ersten Hochfahrphase des Zentralverschiebebahnhofs Wien-Kledering teil. Der ältere Autor hat dazu notiert: „Heute wird der Verschiebebahnhof Kledering eröffnet. Anreise dorthin zunächst mit der Schnellbahn von Leobendorf zum Südbahnhof, wo uns laute Blasmusik empfängt. Zum Zentralverschiebebahnhof fährt eine Schnellbahndoppelgarnitur als Sonderzug. Dezente Popmusik tönt aus den Lautsprechern des Zuges, bald nach der Abfahrt wird das Publikum über den neuen Verschiebebahnhof informiert. Als Besonderheit bietet diese Fahrt eine Befahrung von Gleisen, die von planmäßigen Personenzügen nicht benutzt werden. Die Anzahl der Gleise, die verschiedenen Schleifen und Abzweigungen sind sehr verwirrend. Der Zug durchfährt das Gelände langsam, die Erklärungen erfolgen auch für den Laien sehr verständlich. Zu sehen sind auch moderne Verschublokomotiven und Güterwaggons. Die Gleisanlagen sind jedoch noch leer, die Hochfahrphase beginnt erst einen Tag später.“ Weitere Teilinbetriebnahmen des Zentralverschiebebahnhofs fanden auch in den Jahren zuvor und danach statt. Wichtige infrastrukturelle Maßnahmen waren 1984 der Umbau der Gleisanlagen in Floridsdorf, wo eine Unterführung zur Vermeidung des Gleiswechsels über Weichenverbindungen entstand, der Umbau von Wien Mitte und eine neue Containerkrananlage am Nordwestbahnhof.

Und sonst? Die Wiener Schnellbahn bekam ab 1981 Liniennummern. 1983 besuchte der Papst Wien. Um ihn zu sehen, kamen 100.000 Personen mit Sonderzügen in die Stadt, nahe der Reichsbrücke wurde eine provisorische Haltestelle an der Donauuferbahn errichtet. Eine echte Sensation war die erste Fahrdienstleiterin der ÖBB am damaligen Bahnhof Inzersdorf-Metzgerwerke Mitte der 1980er-Jahre. 1987 feierten die ÖBB „150 Jahre Eisenbahn", was mit zahlreichen Veranstaltungen und Sonderzügen von Wien aus und einer grandiosen Fahrzeugausstellung auf dem Nordbahngelände begangen wurde. Im selben Jahr nahm die Vorortelinie als Schnellbahnlinie von Heiligenstadt nach Hütteldorf ihren Betrieb wieder auf, auch die Verlängerung der S80 nach Hausfeldstraße ging in Betrieb. Ab 1989 konnten Fahrgäste mit der Schnellbahn von Meidling weiter zum Westbahnhof fahren, zunächst nur im Stundentakt. Zwischenhalte waren Speising und Penzing. Die Rückfahrt erfolgte über Hütteldorf, wo es zum Wechsel der Fahrtrichtung kam.

Ursprünglicher Zugzielanzeiger der Wiener Schnellbahn in der von 1964 bis 2000 bestehenden Haltestelle Strandbäder. Im Hintergrund ist bereits ein neuer Zugzielanzeiger zu sehen. Auch dieses Nachfolgesystem hat längst ausgedient (Aufnahme undatiert).

Ein „Blauer Blitz“ durchfährt Anfang der 1980er-Jahre die 1969 eröffnete Haltestelle Brünner Straße. Damals standen noch Reste der Floridsdorfer Lokomotivfabrik. Ab 2014 erfolgten Umbau und Modernisierung der Haltestelle Brünner Straße, die heute ungleich mehr als seinerzeit frequentiert wird.

Die Aufnahme aus den 1980er-Jahren zeigt die Haltestelle Strebersdorf. Damals hatte noch ein Schrankenwärter, der auch Fahrkarten verkaufte, Dienst. Der Warteraum war im Winter geheizt. Das Hüttl ist längst verschwunden.

Zahlreiche Anschlussbahnen gab es noch vor 40 Jahren in Wien, die mittlerweile fast zur Gänze verschwunden sind. Hier ist ein Verschubzug in der Simmeringer Haide unterwegs.

Ausfahrt eines Güterzuges aus dem für den Güterverkehr noch voll in Betrieb stehenden Nordwestbahnhof (Aufnahme undatiert).

Schmalspurig in Wien! Seit 1928 gibt es die Liliputbahn im Prater, seit 1964 die Donauparkbahn mit 381 Millimeter Spurweite. Hier ist am 26. Mai 1983 ein Arbeitszug im Einsatz im Donaupark zu sehen.

Der größte Verschub-
bahnhof Österreichs
ging ab 1983 abschnitts-
weise in Betrieb.

Viel verändert hat sich in diesem Bereich des Bahnhofs Wien Mitte seit 20. Mai 1984, dem Datum der Aufnahme. Die Gütergleise und das Gütermagazin sind verschwunden. Das Gebäude rechts im Anschluss an das Magazin existiert noch, ist aber völlig verwahrlost. Es ist der letzte Rest des von Otto Wagner entworfenen Bahnhofs Hauptzollamt und diente einst als Verwaltungsgebäude des Frachtenterminals.

Am 8. August 1984 kam diese Doppelgarnitur um 16.42 Uhr in Stammersdorf, am kleinsten Kopfbahnhof Wiens, an. Die stadtauswärts stehende Garnitur fuhr an Werktagen von Montag bis Freitag um 17.25 Uhr nach Mistelbach, die uns zugewandte um 18.55 Uhr nach Dobermannsdorf.

Heiligenstadt, Oktober 1984. Der vordere Zugteil fuhr nach Gmünd, der hintere nach Teilung des Zuges in Tulln nach Krems.

Am 27. Oktober 1984 war auf der elektrifizierten Strecke nach Wolfsthal ein „Blauer Blitz“ im Einsatz – eine Rarität! Hier steht er in Wien Mitte.

Feuer! Bald danach konnte die Feuerwehr den Brand löschen. Der ältere Autor war zufällig am 12. Juli 1988 am Südbahnhof anwesend und fotografierte. Ein Eisenbahner meinte dazu: „Die Zeitung is a scho do!“

Details der Haltestelle Brünner Straße, 1988. Seit 2008 ist das „S“ der Schnellbahn ein weicher, runder Schriftzug. Seit 2016 präsentiert sich die Haltestelle Brünner Straße modernisiert und barrierefrei. Das Bild rechts unten zeigt die Haltestelle Traisengasse vor der Modernisierung.

„Abstoßen“, „Herkommen“ und „Halt“. Erinnerungen eines Verschiebers am Nordwestbahnhof

Franz Pfeiffer, Jahrgang 1939, wäre nach der Schule gerne Lokführer bei den ÖBB geworden. Doch ein Bahnarzt diagnostizierte ihm „zu viel Eiweiß“ und verwehrte Pfeiffer die erhoffte Ausbildung. Es folgten eine abgebrochene Mechaniker-Lehre, Präsenzdienst und Jobs als Tankwart und Lastkraftwagenfahrer. 1970 vermittelte ihn ein Gewerkschaftsfunktionär der ÖBB schließlich doch noch an die Bahn, als Verschieber an den Wiener Nordwestbahnhof. Dort wurde dringend Personal gesucht: Nach einer Aufnahmeprüfung (Reaktionstest und Rechenbeispiele) gab es eine nur einwöchige (!) Einschulung in die Tätigkeiten eines Verschiebers.

Franz Pfeiffer

Der Personenverkehr hat am Nordwestbahnhof bereits 1959 geendet, zu Pfeiffers Zeiten fungierte das Gelände als riesiger Güterbahnhof und Logistikknoten, an dem sich zahlreiche Speditionen (unter anderen Schenker, Panalpina, Gebrüder Weiss) und Firmen (unter anderen Schöps, Böhler, Spar) angesiedelt hatten. Pfeiffer erinnert sich, dass nahezu täglich rund 15 Güterzüge ankamen und rund 25 den Nordwestbahnhof verließen. Ausgangs- oder Zielorte der Züge waren hauptsächlich die Landeshauptstädte und das in Vorarlberg gelegene Güterumschlagszentrum Wolfurt. Containerzüge kamen von oder fuhren in die Hafenstädte Koper und Hamburg. Lastkraftwagen transportierten die angelieferte Ware ab und brachten andererseits Waren für den Abtransport per Bahn. Die Fracht umfasste Getreide, Ölfässer, Pferde, Rinder, Fische, Zucker, Milch, Gemüse, Stückgut und ganze Container.

Auf dem Bahnhof waren drei Verschubpartien zu je sechs Mann beschäftigt, bestehend aus vier Verschiebern, einem Aufseher und einem Meister – plus einem Obermeister, der für alle drei Partien zuständig war. Als Neuling stand Pfeiffer auf der Hierarchieleiter mit seiner Meinung nach anfangs mangelhafter Besoldung ganz unten, er konnte sich im Lauf der Zeit aber zum Aufseher und schließlich Meister hocharbeiten. Ein typischer Arbeitstag lief laut Pfeiffer so ab: Nach Ankunft eines mehrere Hundert Meter langen Güterzuges trennte der Entkuppler der Verschubpartie die Lokomotive vom Zug und ebenso alle Bremsschläuche des Zuges. Der Transiteur übernahm die Frachtpapiere vom Zugführer des Güterzuges und notierte mit Kreide die Namen der Firmen oder Speditionen, die die Fracht erhielten, und die Nummern der Gleise, an denen die Waggons beizustellen waren, an den Waggons. Eine Verschublok fuhr mit der Garnitur auf das Verschubgleis und stieß dann die Waggons ab, die rollend auf verschiedene Gleise aufgeteilt wurden. Pfeiffer gab dazu über Funk die Anweisungen „Abstoßen“, „Herkommen“ oder „Halt“ an den Lokführer. Ebenfalls über Funk teilte er den Weichenstellern mit, auf welche Gleise einzelne oder mehrere Waggons zu leiten waren. Pfeiffer musste zudem mit einer Kuppelstange die entsprechenden Waggongruppen von der Verschubgarnitur trennen und Hemmschuhe auflegen, um das Entrollen von Waggons zu vermeiden oder den

Anprall auf eine stehende Waggongruppe zu verhindern. Um die Wagen am weitläufigen Gelände bestimmten Firmen beizustellen, wies Pfeiffer am Verschubzug mitfahrend den Lokführer dementsprechend an. Später organisierte er als Aufseher und Meister die Verschubabläufe hinsichtlich der Beistellung zu und Abholung von den Firmen und die Zugzusammenstellung der vom Bahnhof abgehenden Züge. Gewisse handwerkliche Tätigkeiten musste er nach der Beförderung nicht mehr ausführen.

Am Bahnhof ruhte die Arbeit so gut wie nie. Pfeiffers Dienstzeiten variierten, eine typische Woche mit Nachtschicht sah so aus: Von Montag auf Dienstag, Mittwoch auf Donnerstag und Freitag auf Samstag dauerte der Dienst von 16.15 Uhr bis 7 Uhr früh, von Sonntag auf Montag von 17 Uhr bis 7 Uhr. Selten gelangte er auch bei der sogenannten Kranpartie rund um den Portalkran zum Einsatz. Die dortigen Arbeitszeiten von 6 bis 22 Uhr bedeuteten für den aus dem Weinviertel einpendelnden Pfeiffer ein Aufstehen um 3 Uhr morgens und ein Heimkommen um Mitternacht, wobei zwischen den Arbeitstagen meist ein Tag Pause angesetzt war. Tagsüber konnte die Mannschaft Pausen halten, wenn es sich ergeben hat. Nachts gab es eine Pause von Mitternacht bis 3 Uhr morgens. Um sich auszurasten, standen Betten zur Verfügung. Der Bahnhof beschäftigte eine Vielzahl von Menschen in unterschiedlichen Berufen. Pfeiffer erinnert sich an Lokführer, Fahrdienstleiter, Stellwerker, Weichensteller, Kuppler, Kanzlisten und den Bahnhofsvorstand mit seiner Vertretung. Ergänzen lässt sich die Erinnerung um den Portier am Eingangstor, Kranfahrer, die Arbeiter auf der Stückgut-Umladebühne (Staplerfahrer und diejenigen, die mit einer Rodel Stückgut zwischen den Güterwaggons umluden), Zöllner für den internationalen Warenverkehr und Speditionsmitarbeiter. Der Schätzung eines Speditionsmitarbeiters nach beschäftigten die ÖBB in den 1980er-Jahren bis zu 500 Menschen auf dem Gelände, die Gesamtzahl aller dort Tätigen soll 1200 betragen haben.

In Pfeiffers Anfangsjahren waren noch Dampflokomotiven im Einsatz. Lieber waren ihm die Dieselloks, weil diese über bessere Trittbretter für die Verschieber verfügten. Die Arbeit war nicht so sehr körperlich anstrengend, die Verschieber waren aber viel zu Fuß unterwegs. Ein Kollege maß mittels Schrittzähler in einer Schicht 40 zurückgelegte Kilometer! Angenehmer war Pfeiffer die Arbeit im Sommer, da die Tage länger waren und die Eisenbahner so bessere Sicht auf Weichenkörper und Signale hatten.

Pfeiffer, der gerne bei der Bahn beschäftigt war, trat 1994 die Pension an. Er erinnert sich wohlwollend an die angenehme kollegiale Zusammenarbeit und die viele Freizeit aufgrund des Schichtdienstes. Er ist allerdings auch ganz zufrieden, seinen lange dauernden Arbeitsweg heute nicht mehr zurücklegen zu müssen.

Straßenbahn, Stadtbahn und U-Bahn

Die Zahl der Fahrgäste ist gegenüber 1970 gestiegen und lag 1980 bei 442,5 Millionen Beförderungsfällen. Mit Straßenbahn, Stadtbahn und U-Bahn fuhren 358,5 Millionen, mit dem Autobus 84 Millionen Passagiere. Im Stand führten die Verkehrsbetriebe Ende 1980 760 Straßenbahntriebwagen, 657 Straßenbahnbeiwagen, 92 Stadtbahntriebwagen, 108 Stadtbahnbeiwagen und 120 U-Bahn-Doppeltriebwagen. Wobei davon mindestens zwei Garnituren, in der Regel aber drei, einen U-Bahn-Zug bildeten. Die Betriebslänge des Schienennetzes lag bei 243,07 Kilometern für Straßen-, Stadt- und U-Bahn insgesamt. Der Bestand der Personenkraftwagen ist auf 470.826 gestiegen – ein klares Zeichen für den Wandel der Mobilität durch gesteigerten Wohlstand.

Die Badner Bahn hat im Vergleich zu 1970 eine Fahrplanverdichtung erhalten, vor allem durch Verstärkerzüge an Werktagen bis Wiener Neudorf. Sie führte 1980 an Sonn- und Feiertagen sogar Eilzüge zwischen Wien und Baden. Der U-Bahn-Bau machte Fortschritte: Im August 1980 eröffnete Wiens dritte U-Bahn-Strecke, die U2, zwischen Karlsplatz und Schottenring. Wobei ein Großteil dieser Tunnelstrecke bereits von der Straßenbahn befahren worden ist. Im Oktober desselben Jahres ging der U4-Abschnitt von Karlsplatz bis Meidling Hauptstraße in Betrieb, 1981 jener von Meidling Hauptstraße bis Hietzing und jener von Hietzing nach Hütteldorf, womit die gesamte ehemalige Stadtbahnlinie nun von den Silberpfeilen befahren wurde. Die U1 erreichte 1981 den Praterstern. Wie wichtig diese Verlängerung war, zeigte die Teilnahme von Bundeskanzler Kreisky an der Eröffnung.

Die beiden Autoren, der eine drei Jahre alt, nahmen während der Bauarbeiten an einer Befahrung der weiteren Verlängerung vom Praterstern Richtung Kagran teil. Die Beförderung der Fahrgäste erfolgte in einem Güterwagen zwischen zwei Draisinen. 1982 konnte der Abschnitt nach Kagran eröffnet werden. Der U-Bahn-Ausbau kostete viel Geld und bescherte den Fahrgästen zum 1. Jänner 1982 die 14. Fahrpreiserhöhung nach dem Zweiten Weltkrieg. Ebenfalls in den 1980er-Jahren begannen die Bauarbeiten für die Verlängerung der verbliebenen Stadtbahnstrecke zum Bahnhof Meidling. Dafür entstand unter Aufgabe der bisherigen Endstation Meidling Hauptstraße die Station Längenfeldgasse als neue Umsteigemöglichkeit zwischen U4 und Stadtbahn. Am 7. Oktober 1989 ging diese Verlängerung der nun U6 statt Stadtbahn genannten Strecke in Betrieb.

Gleichzeitig mit dem U-Bahn-Ausbau schrumpfte das Straßenbahnangebot, weil die U-Bahn parallel beziehungsweise ähnliche Routen fahrende Straßenbahnlinien ersetzte. Das führte zu zahlreichen Änderungen im Straßenbahnnetz. Im Folgenden nennen wir nur die wichtigsten Maßnahmen: Mit der U1-Verlängerung zum Praterstern kam es durch die Auflassung der Strecke durch die Praterstraße zur Aufgabe der Ringlinien A/Ak, B/Bk, 25R und 25k. Die U1-Verlängerung nach Kagran bedingte die Einstellung der Tramwaystrecke vom Praterstern über Lasallestraße, Ersatzbrücke, Wagramer Straße bis zur Erzherzog-Karl-Straße, ebenso verschwanden der Ast nach Kaisermühlen und die weitläufigen Gleisanlagen des Betriebsbahnhofs Vorgarten. Die Linie 25 verkehrte nunmehr zwischen Zentrum Kagran und Leopoldau, der 26er von Floridsdorf nach Stadlau. Die U2 ersetzte die schon zuvor teils auf der Trasse der späteren U2 verkehrenden Zweierlinien E2, G2, H2, deren Außenäste wiederum durch andere Linien ersetzt wurden. Die Gleise zwischen dem Schwarzenbergplatz und der Ungargasse verschwanden, die Verkehrsbetriebe verwiesen die Fahrgäste stattdessen auf die U4-Strecke vom Karlsplatz bis Wien Mitte.

In der ersten Hälfte der 1980er-Jahre begannen die Bauarbeiten für die U3, was ebenfalls Stilllegungen mit sich brachte: Die Strecken durch die Landstraßer Hauptstraße (Linie T) und Erdberger Straße (Linie J) wurden eingestellt und später abgetragen.

Verbunden mit der Eröffnung der Verlängerung der U6 zum Bahnhof Meidling war die Einstellung der Linie 8, was Proteste und eine „Aktion Volksbefragung“ zur Folge hatte. Laut Anordnung des damaligen Bürgermeisters Helmut Zilk musste die Strecke bis zur Abhaltung der Volksbefragung zunächst befahrbar bleiben. Karl Zellhofer hat bei der letzten Fahrt am 7. Oktober 1989 notiert: „Der letzte 8er (E1/c3) ist knallvoll. Mitglieder des Vereins Fahrgast haben sich als Gelenktriebwagen der Linie 8 ‚verkleidet‘ – riesige Leintücher wurden derart verknüpft, dass acht Leute umhüllt sind und nur deren Köpfe herausschauen. Obwohl das die letzte Fahrt ist, herrscht ausgezeichnete Stimmung, es rennt der Schmäh – und man ist zuversichtlich, hat doch Bürgermeister Dr. Zilk selbst befohlen, die Fahrleitungen und Gleise vorderhand nicht zu demontieren.“ Da die Wahlbeteiligung nur sechs Prozent betrug (davon stimmten 94 Prozent für den Erhalt der Straßenbahn), fühlten sich die Verantwortlichen nicht an das Ergebnis gebunden, somit war das Schicksal der Strecke besiegelt.

Es gab in den 1980er-Jahren auch geringe Erweiterungen des Straßenbahnnetzes: Im September 1980 ging die 2,2 Kilometer lange Strecke der Linie 64 von Alt Erlaa bis Siebenhirten in Betrieb. Zwei Monate später fuhr die Linie 67 von der Raxstraße 1,2 Kilometer weiter bis zum Frödenplatz, ab 1989 von dort um rund einen Kilometer weiter zum Otto-Probst-Platz. Auch Modernisierung und Rationalisierung schritten weiter voran: „Am 13. Juni verkehrten auf der Linie 46 letztmals C1-Garnituren mit schaffnerbesetzten Beiwagen. Sie wurden abgestellt und dürften kaum wieder in Betrieb kommen. Damit stehen in Wien jetzt ausschließlich schaffnerlose Beiwagen in Betrieb“, meldete ein Fachblatt 1980. Auf der Gürtelstrecke der Stadtbahn kamen 1980 erstmals neue Garnituren der Typen E6/c6 zum Einsatz. Sie ersetzten bis 1983 die alten zweiachsigen Stadtbahnwagen. Im Lauf der 1980er-Jahre verschwanden mehrere Straßenbahntypen von Wiens Schienen, darunter befanden sich die zweiachsigen Triebwagentypen T2 (1955–1982), L3 (1957–1984) und L4 (1960–1984), später erfolgte die Ausmusterung der letzten zweiachsigen Beiwagen der Type l3 (1959–1986). Im Lauf der 1980er-Jahre begann zudem die Badner Bahn, ihre Wagen aus den späten 1920er-Jahren auszumustern.

1982 kam es zur Einführung der Jahresnetzkarte, mit der alle Verkehrsmittel in Wien benutzt werden konnten. Zur Freude der Tramwaynostalgiefans eröffnete 1986 das Straßenbahnmuseum in der damals noch in Betrieb stehenden Remise Erdberg.

Auch wenn der Busverkehr nicht unser Thema ist, werfen wir einen kurzen Seitenblick darauf: 1986 führte Wien für die Nächte vor Samstagen, Sonn- und Feiertagen wieder ein Nachtautobusnetz ein.

Ein Funfact beendete das Jahrzehnt: Nach Eröffnung der „größten Drehscheibe der Welt“ mit einem Durchmesser von 40 Metern auf dem U-Bahn-Betriebsbahnhof Wasserleitungswiese im Jahr 1989 stellte sich heraus, dass es doch nicht die größte war. Die größten Drehscheiben der Welt gab es in den USA bei der Union Pacific Railroad mit 41 Meter Durchmesser.

1980 löste die Linie 40 die Linie E2 ab, die so wie die Linien G2 und H2 wegen des Umbaus der Zweierlinie zur U-Bahn eingestellt worden waren. Unterwegs ist dieser Triebwagen der Type E in der Herbeckstraße. Im Jahr 2000 erfolgte die Ausmusterung. Es gab übrigens bereits bis 1960 eine Linie 40 vom Börseplatz bis zum Türkenschanzpark.

An dieser Aufnahme vom Anfang der 1980er-Jahre ist alles historisch: Es gibt keine Type E mehr, Jugoslawien ist Geschichte, der mittlerweile neu gebaute Bahnhof Praterstern sieht heute komplett anders aus.

Anfang der 1980er-Jahre stehen ein Triebwagen der Type F und ein Beiwagen der Reihe l3 in der Endstelle Strebersdorf am Edmund-Hawranek-Platz.

Dieses Bild entstand im Rahmen eines Familienausflugs, den wir anhand unserer Aufzeichnungen auf den 4. Jänner 1982 datieren können. Von den 1970er-Jahren bis in die 1990er-Jahre waren auf der Badner Bahn gebrauchte Fahrzeuge aus Köln im Einsatz. Hier erreicht eine Kölner Garnitur die Station Gutheil-Schoder-Gasse.

Am 27. Juni 1980 fuhren die Linien E2, G2 und H2 letztmals durch die Tunnelstrecke vor deren Umbau zur U-Bahn. Die Garnitur der Linie E2 verlässt gerade den Tunnel im Bereich der Landesgerichtsstraße.

Im Tunnel des ersten Abschnitts der U2 verkehrten vor Eröffnung der U-Bahn mehrere Straßenbahnlinien. Eine davon war die Linie H2, zu deren Einstellung Enthusiasten einen satirischen Partezettel verfassten.

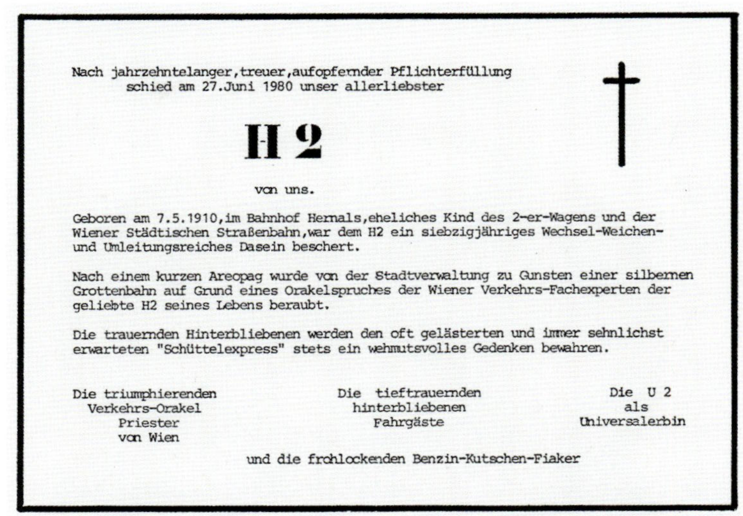

Nach jahrzehntelanger, treuer, aufopfernder Pflichterfüllung schied am 27.Juni 1980 unser allerliebster

H 2

von uns.

Geboren am 7.5.1910, im Bahnhof Hernals, eheliches Kind des 2-er-Wagens und der Wiener Städtischen Straßenbahn, war dem H2 ein siebzigjähriges Wechsel-Weichen- und Umleitungsreiches Dasein beschert.

Nach einem kurzen Areopag wurde von der Stadtverwaltung zu Gunsten einer silbernen Grottenbahn auf Grund eines Orakelspruches der Wiener Verkehrs-Fachexperten der geliebte H2 seines Lebens beraubt.

Die trauernden Hinterbliebenen werden den oft gelästerten und immer sehnlichst erwarteten "Schüttelexpress" stets ein wehmutsvolles Gedenken bewahren.

Die triumphierenden Verkehrs-Orakel Priester von Wien

Die tieftrauernden hinterbliebenen Fahrgäste

Die U 2 als Universalerbin

und die frohlockenden Benzin-Kutschen-Fiaker

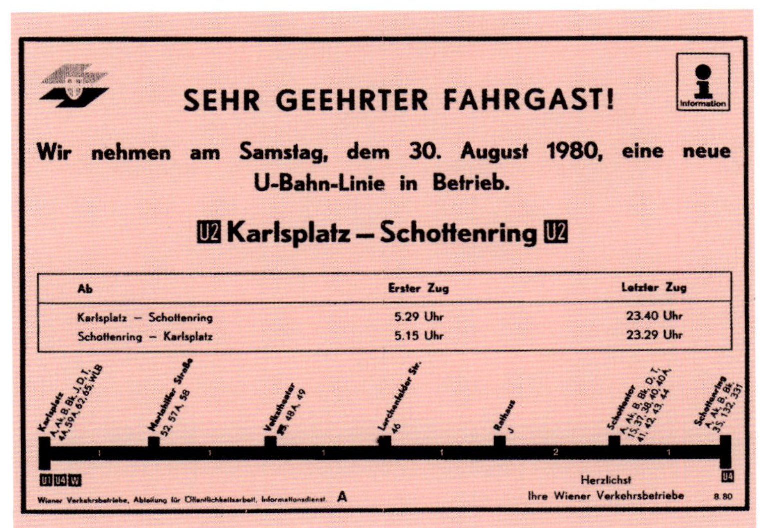

SEHR GEEHRTER FAHRGAST!

Wir nehmen am Samstag, dem 30. August 1980, eine neue U-Bahn-Linie in Betrieb.

U2 Karlsplatz – Schottenring U2

Ab	Erster Zug	Letzter Zug
Karlsplatz – Schottenring	5.29 Uhr	23.40 Uhr
Schottenring – Karlsplatz	5.15 Uhr	23.29 Uhr

Herzlichst
Ihre Wiener Verkehrsbetriebe

Wiener Verkehrsbetriebe, Abteilung für Öffentlichkeitsarbeit, Informationsdienst. A 8.80

Die neue U-Bahn-Linie U2 fuhr von Karlsplatz bis Schottenring. Mit dabei die heute nicht mehr existente Station Lerchenfelder Straße. Die Station Mariahilfer Straße trägt heute den Namen Museumsquartier.

It's all over now! Die Straßenbahn in der Praterstraße musste 1981 der U-Bahn weichen.

Ein paar Tage zuvor war sie aber noch unterwegs. Damit die unter Sammlern begehrten Liniendachsignale nicht entwendet werden konnten, lagen stattdessen hinter der Frontscheibe Zettel mit dem Liniensignal.

1982 konnte die U1-Verlängerung vom Praterstern nach Kagran eröffnet werden. Zuvor gab es im September 1981 Publikumsfahrten ab Kagran. Zwei Dieselloks zogen einen Silberpfeil. Zwischen 2016 und 2018 erfolgte die Ausmusterung der Dieselloks der Type UDZ (U-Bahn-Diesel-Zweikraftlokomotive).

Letzter Betriebstag der Stadtbahn zwischen Hütteldorf und Meidling Hauptstraße am 28. August 1981, aufgenommen in Hütteldorf.

Jahrelang war die Linie 71 Stammstrecke der Typen C1/c1 (Baujahre 1955–1959). Dieser Triebwagen stammt aus der ersten Bauserie und war bis 1994 im Einsatz. Das trübe Spätherbstwetter passt zur Endstelle beim Zentralfriedhof.

Die Typen E6/c6 (gebaut ab 1979) lösten ab 1980 allmählich die alten roten zweiachsigen Stadtbahnwagen ab und waren bis 2008 im Einsatz. Fast alle Fahrzeuge gelangten nach Krakau und Utrecht. Die Linie G gab es bis 1989, dann mutierte sie zur U6.

Von 1981 bis 1986 fuhr die Linie 1 von der Stadlauer Brücke zum Kai, weiter um den Ring und wieder zur Stadlauer Brücke. Vom Elderschplatz zur Stadlauer Brücke ersetzte sie die Linie 11. In der Engerthstraße liegen heute keine Schienen mehr.

Die Type T2, deren Bestand 29 Fahrzeuge umfasste, war von 1955 bis 1982 im Einsatz. Die Aufnahme am Stefan-Fadinger-Platz stammt von 1982. Heute hat hier die Linie 1, die 2008 die Linie 65 ablöste, ihre Endstation.

Eine gar klassische Ansicht der Wiener U-Bahn zwischen dem Amtshaus Hietzing und dem Wienfluss zeigt diese Aufnahme.

Alltag auf der Linie U4 vor der Station Schönbrunn.

Hinweis am ehemaligen Verwaltungsgebäude der Remise Vorgarten, die 1982 ihren Betrieb einstellte.

Viele Triebwagen der Type L (L4) baute Simmering-Graz-Pauker ab 1981 in Simmering in Hilfstriebwagen der Type LH um, die bis auf wenige ausgemusterte Fahrzeuge nach wie vor im Einsatz sind.

Ein Stadtbahnzug verlässt am 3. März 1983 die Haltestelle Thaliastraße Richtung Meidling Hauptstraße.

Die Linie D/Strich verkehrte von 1973 bis 1984 an Sonn- und Feiertagen zwischen Ring und Südbahnhof, dann fuhr die Linie D auch an Sonn- und Feiertagen durchgehend von Nußdorf zum Südbahnhof. Seit 9. Dezember 2012 fährt der D-Wagen zum Hauptbahnhof und seit 2. Dezember 2019 weiter zur Absberggasse (Aufnahme vom 17. April 1983).

Ein Güterzug der Straßenbahn mit Kipper der Bauart Ochsner am 20. April 1983 auf einem Gleis der Materialrutsche Stromstraße. Dieser Triebwagen war 64 Jahre (1924–1988) im Einsatz, erst 1975 bekam er einen verglasten Führerstand. Nun befindet er sich im Mödlinger Stadtverkehrsmuseum.

Die Typen L und l3 am 20. April 1983 in der Stromstraße bei der Nordwestbahnunterführung. Seit Mai 1996 ersetzt die Linie 33 die Verstärkerlinie 31/5. Das Ziegelhaus rechts im Bild steht heute leer und wartet auf seinen Abriss.

Im Juni 1983 waren die Type F (schaffnerbesetzter Triebwagen) und l3 (schaffnerloser Beiwagen) Alltag auf der Linie 31, die damals in der Brünner Straße noch auf Gleisen in Seitenlage unterwegs war.

Am 22. Juli 1983 verlässt eine Arbeitsgarnitur (ex Type M1/m3) den Franz-Jonas-Platz Richtung Floridsdorfer Brücke. Der Triebwagen stand von 1930 bis 1972 im Linienbetrieb und diente dann bis 1986 als Arbeitswagen. Heute dem Verband der Eisenbahnfreunde gehörend, fungiert er, rückgebaut zu einem Personentriebwagen, als Nostalgiefahrzeug.

Eine Garnitur der Linie 21 ist am 10. September 1983 unterwegs nach Prater Messe, wo sie auf der Messeschleife wenden wird.

1984 war der links stehende Triebwagen der Serie 100 das modernste Fahrzeug der Badner Bahn. Der Blick in die Remise Wolfganggasse zeigt noch im Einsatz stehende Fahrzeuge aus den 1920er-Jahren (!), der alte Waggon rechts im Vordergrund stammt aus der Dampftramwayära. Entgegen den Fahrzeugen aus den 1920ern war er zum Zeitpunkt der Aufnahme nur noch als Nostalgiefahrzeug in Verwendung (Aufnahme vom 25. Mai 1984).

Der U1-Abschnitt vom Praterstern nach Kagran ging im September 1982 in Betrieb. In der Zwischenzeit hat sich die Gegend links und rechts der hier sichtbaren Strecke durch Verbauung gewaltig verändert (Aufnahme von 1984).

Ein fast zeitloser Anblick: Immer noch können Interessierte Silberpfeile im Einsatz vor dem Vienna International Centre, besser bekannt als UNO-City, sehen (Aufnahme von 1984).

Bis zum 26. Oktober 1993 war der Bahnhof Währing in Betrieb, zuletzt als Heimat für die Linien 9, 40, 41 und 42. Die Hallen des mittlerweile denkmalgeschützten Ensembles dienen heute als Supermarkt und Turnhalle (Aufnahme vom 9. September 1984).

Die Stadtlandschaft im Bereich des früheren Stammersdorfer Bahnhofs hat sich seit dem 8. August 1984, dem Datum dieser Aufnahme, stark verändert. Die Straßenbahn fährt heute östlich des früheren Bahnhofsgeländes, das sichtbare freie Feld ist mit Wohnhäusern verbaut, auf dem Gelände des Bahnhofs entstand ein Schulkomplex.

Ein Silberpfeil auf einem Abstellgleis auf dem umfangreichen Gelände des Betriebsbahnhofs Wasserleitungswiese. Das Datum der Aufnahme ist unbekannt, aber die 1988 bis 1992 von Friedensreich Hundertwasser umgestaltete Müllverbrennungsanlage Spittelau (rechts im Bild erkennbar) präsentiert sich noch im Originalzustand.

Die unvergessene Linie 8 durchfährt am 4. Februar 1988 die Fußgängerzone Meidlinger Hauptstraße. Am 7. Oktober 1989 fuhr der letzte Zug. Seitdem müssen Fahrgäste zwischen Gürtel und Meidling die U6 benützen.

Diese Triebwagen der Badner Bahn waren mit zwischenzeitlicher Modernisierung von 1927 (!) bis 1990 im Einsatz (Aufnahme an der Endstation Wien Oper am 16. Mai 1989).

Die 1990er-Jahre

Eisenbahn

Gegen Ende der 1980er-Jahre hatten mehrere europäische Staatsbahnen gemeinsam die Zugkategorie EuroCity (EC) geschaffen, die sich durch verschiedene Qualitätsmerkmale (unter anderem klimatisierte Wagen 1. und 2. Klasse, Speise- oder Barwagen, zwei- oder mehrsprachiges Personal an Bord, wenige Aufenthalte) auszeichnete. EuroCity-Züge verbanden 1990 Wien mit München, Köln, Rom, Zürich, Basel, Paris, Hamburg, Budapest und Dortmund. Gemäß einer jahrzehntelangen Tradition bei Schnellzügen trugen viele österreichische EC-Züge Namen wie zum Beispiel Stachus, Franz Liszt, Johann Strauß, Romulus, Maria Theresia, Lehár, Transalpin usw. Zahlreiche weitere Express- und D-Züge verbanden Wien mit Florenz, Mailand, Laibach, Split, Zagreb, Venedig und Bukarest. Nach der Grenzöffnung Richtung Osteuropa gab es nun Züge nach Brünn und Bratislava, einen neuen Tagzug nach Warschau und ein neues Zugpaar auf der Franz-Josefs-Bahn nach Prag. Innerhalb Österreichs verkehrten 1990 Autoreisezüge von Wien nach Feldkirch, Innsbruck und Villach. Nicht mehr in Betrieb war nach der Einstellung der Stammersdorfer Lokalbahn der Kopfbahnhof Stammersdorf. Ein angedachtes Museumsbahnprojekt auf der ehemaligen Lokalbahn kam nicht zustande. Mitte des Jahrzehnts erfolgte dort die Abtragung der Gleise. Ein vermehrtes Angebot gab es auf der Stammstrecke der Schnellbahn und auf allen von Wien ausgehenden Strecken. Großen Anklang fand der Viertelstundentakt auf der Vorortelinie, ebenso der Stundentakt zwischen Meidling und Hütteldorf und zwischen Südbahnhof und Hausfeldstraße.

Einige Highlights des Jahrzehnts: Eine heute im Netz der ÖBB unvorstellbare Aktion war die temporäre Verlängerung der S45 anlässlich des Donauinselfests 1990 zu einer provisorischen Haltestelle bei der Reichsbrücke. Seit 1991 gilt das Rauchverbot in der Schnellbahn. Der sogenannte Neue Austrotakt, ein großteils lückenloser Taktfahrplan, brachte 1991 das umfassendste Angebot auf Schiene, das es in Österreich bis dato gegeben hat. Der auch NAT 91 genannte Fahrplan brachte Verbesserungen auf den Schienen von und nach Wien, inklusive der Einführung der Zugkategorie InterCity (IC), die zumeist getaktete Verbindungen zwischen österreichischen Städten herstellte. Für die Stammstrecke zwischen Floridsdorf und Meidling ergab sich daraus ein ganztägiger 7,5-Minuten-Grundtakt mit einer Verdichtung auf drei Minuten in Spitzenzeiten. Im August 1992 musste wegen des beabsichtigten Baus des Kraftwerks Freudenau die Nordbahnbrücke um 1,70 Meter angehoben werden, ebenso notwendig war eine Anhebung der Stadlauer Brücke. Wegen der Hebung Letzterer wurde die Station Lobau vorübergehend aufgelassen, abgetragen und neu aufgebaut. 1993 erfolgte die Verlängerung der S45 von Heiligenstadt zu einer neuen Endstation bei der Floridsdorfer Brücke, 1996, bei gleichzeitiger Auflassung der vorübergehenden Endstation, die Verlängerung zum Handelskai. Im selben Jahr eröffnete die Station Handelskai als Umsteigeknoten zwischen der Schnellbahnstammstrecke, der S45 und der im selben Jahr eröffneten U6-Verlängerung. Ebenfalls 1996 ging der komplett neu gestaltete Bahnhof Floridsdorf in Betrieb, und die Station Wien-Siemensstraße erhielt Mittelbahnsteige statt ihrer bisherigen Erdbahnsteige.

Im April 1996 unternahm Karl Zellhofer eine Fahrt mit dem D-Zug Smetana vom Franz-Josefs-Bahnhof Richtung Waldviertel. Er hat sich mit wehmütigem Blick notiert: „Wer es nicht weiß, vermutet unter dem Glaspalast am Julius-Tandler-Platz keine Station. Der einst prachtvolle Bahnhof hat Ende der 1940er-Jahre eine schmucklose Fassade erhalten. Der schlichte, schäbig wirkende Bau war der letzte, zumindest in Grundzügen erhaltene alte Hallenbahnhof Wiens. Er musste schließlich dem jetzigen, in den 1970er-Jahren begonnenen Neubau weichen. Während er im Foyer durchaus modern und gefällig wirkt, vermittelt der Bahnsteigbereich den Eindruck, sich in einem Keller zu befinden. Kahl und bunkerartig wirken die grauen Betonwände, die ständige Finsternis wird von kalten Neonlampen erhellt. Der alte Bahnhof hatte einen spröden Charme, der neue Bahnhof hat nicht einmal das. Ein Hauch von Internationalität ist noch vorhanden: Der D-Zug Smetana von Wien nach Prag steht zur Abfahrt bereit. Der Zug hat einen Halbspeisewagen mit tschechischem Personal und westlichen Preisen. Die Zeiten sind längst vorbei, wo von hier aus viele Fahrgäste nach Böhmen gefahren sind. Auch der Smetana dient nun vielmehr als flotte Verbindung ins Waldviertel. Er soll mit Fahrplanwechsel eingestellt werden.“

Mitte der 1990er-Jahre tauchten auch auf Wiener Bahnstrecken die ersten Wendezüge, das sind Züge, die an einem Ende eine Lokomotive, am anderen einen Steuerwagen haben, auf. Nachdem die ÖBB in den Jahren zuvor mit einer Stockwagen-Wendezuggarnitur der Zürcher Schnellbahn zwischen Gänserndorf und Liesing Erfahrungen für den geplanten Einsatz von eigenen Stockwagen gesammelt hatten, kamen 1997 erstmals der ÖBB gehörende Stockwaggons in Wendezügen zum Einsatz.

Nach langen Jahren der Vorplanungen begann 1999 der Bau des Lainzer Tunnels, um eine leistungsstarke Verbindung von West- und Südbahn zu schaffen und den Verkehr auf der Westbahn zu beschleunigen. Eisenbahnfreunde trauerten Ende des Jahrzehnts über den Abtransport der vor dem Technischen Museum aufgestellten Denkmal-Lokomotiven. Auf dem freien Platz entstand vorübergehend ein IMAX-Kino. Mit dem Beginn des Baus des Zentralstellwerks Floridsdorf und der Eröffnung der reaktivierten Hochbahn von Jedlersdorf nach Leopoldau endete das Jahrtausend.

Stillleben am Westbahnhof: Zuglaufschild, Bremsschuh, Bremsklötze (21. März 1993).

Am 12. August 1993 war das Feldbahnnetz mit 500 Millimeter Spurweite im damaligen Versorgungsheim Lainz noch im vollen Umfang in Betrieb. In einem ausgeklügelten System versorgte die Feldbahn die Pavillons mit Speisen für die Patienten. Am 27. November 2011 stellte die Bahn den Betrieb ein. Die Gleisanlagen stehen teilweise unter Denkmalschutz.

Von 1961 bis 2002 befand sich die wärme- und kältetechnische Versuchsanlage für Eisenbahnfahrzeuge auf einer Fläche im Wiener Arsenal. Daher kamen immer wieder Fahrzeuge ausländischer Bahnverwaltungen nach Wien.

Schritt für Schritt verschwand der Frachtenbahnhof Nordbahnhof, um Platz für Wohnbauten zu schaffen. 1996 war schon das eine oder andere Gleis abgetragen, auf den verbliebenen standen zur Ausmusterung vorgesehene Waggons. Gelegentlich dienten diese als „Wohnung“. Die „Bewohner“ eines dieser beiden Waggons lernte der ältere Autor auf der Bahnfahrt nach Zell am See kennen. Leider hat er die Einladung auf einen Kaffee in der „Wohnung“ ausgeschlagen.

Das stattliche Bahnhofsgebäude von Jedlesee diente bis 1959 dem Personenverkehr, das Gelände davor bis 1998 zur Abstellung von Güterwagen der Wagenwerkstätte Jedlersdorf. Danach verfielen die Gleisanlagen, bis 2000 die Abtragungsarbeiten der ehemaligen Nordwestbahnteilstrecke zwischen Jedlersdorf und Jedlesee und 2003 die des Bahnhofs Jedlesee begannen (Aufnahme aus dem Sommer 1997).

Straßenbahn und U-Bahn

Die Zahl der Fahrgäste ist im Vergleich zu 1980 erneut gestiegen und betrug 1990 611,8 Millionen Beförderungsfälle in U-Bahn, Straßenbahn und Autobus. Die Anzahl der eingesetzten Wagen ist in den Unterlagen für 1990 nicht aufgelistet, 1991 zählte die schienengebundene Flotte 1364 Personenfahrzeuge. Die Straßenbahn umfasste 1990 35 Linien mit einer Linienlänge von 247,5 Kilometern, die U-Bahn kam auf vier Linien mit 39,7 Kilometer Linienlänge. Zusätzlich gab es die Badner Bahn nach Baden mit insgesamt 30,4 Kilometer Linienlänge. Die Zahl der Personenkraftwagen in Wien belief sich auf 546.945.

Auch in dieser Dekade wuchs das U-Bahn-Netz, selbst wenn das Jahrzehnt mit der Einstellung einer U-Bahn-Teilstrecke begann: 1991 musste wegen der Bauarbeiten für die Verlängerung der U6 nach Floridsdorf der bisherige U6-Verbindungsbogen von der Abzweigesstation Nußdorfer Straße in eine der bisherigen Endstationen – die Friedensbrücke – eingestellt werden. Dafür eröffnete im selben Jahr die 5,1 Kilometer lange U3-Strecke zwischen Erdberg und Volkstheater, 1993 folgte der Abschnitt vom Volkstheater zum Westbahnhof, 1994 jener vom Westbahnhof zur Johnstraße und 1998 jener von der Johnstraße nach Ottakring. Die U3 wird wegen der künstlerischen Gestaltung ihrer Stationen auch als Kulturlinie bezeichnet. In der ersten Hälfte der 1990er-Jahre kamen auf der U6 die ab 1992 gebauten Niederflurzüge der Type T zum Einsatz, vorerst im Mischbetrieb mit den Hochflurfahrzeugen der Typen E6/c6. 1995 eröffnete bei gleichzeitiger Einstellung der Straßenbahnlinie 64 die Verlängerung der U6 nach Siebenhirten auf der adaptierten Trasse der ehemaligen Straßenbahn. 1996 nahm die U6 zwischen Nußdorfer Straße und Floridsdorf den Betrieb auf, der ursprüngliche Ast von der Nußdorfer Straße nach Heiligenstadt wurde eingestellt. Zeitgleich entstand mit der Station Spittelau am neuen Ast der U6 ein Umsteigeknoten zwischen U6, U4, Franz-Josefs-Bahn, der Straßenbahnlinie D und Bussen.

Seit 1990 existieren mit dem Ausbau der Linie 31 auf der Brünner Straße keine eingleisigen Strecken mehr im Straßenbahnnetz. 1991 gab es eine Tariferhöhung, zudem nahm die Straßenbahnlinie 72 vom Zentralfriedhof bis zur U3-Station Schlachthausgasse ihren Betrieb auf. Im selben Jahr experimentierten die Wiener Verkehrsbetriebe erstmals mit Niederflurwagen. Die Zeitschrift „Eisenbahn“ jubelte in ihrer Ausgabe 9/91: „Erste Niederflur-Tram der Welt wird Realität“. Allerdings handelte es sich um einen nie im Fahrgastbetrieb eingesetzten Versuchsträger, zusammengesetzt aus zwei hochflurigen Beiwagen mit einem Niederflurteil in der Mitte. 1993 verschwanden im Zuge der U3-Verlängerung zum Westbahnhof die Straßenbahnlinien auf der inneren Mariahilfer Straße, in die 1993 aufgelassene Remise Währing zogen nach Adaptierungsarbeiten später ein Supermarkt und Turnsäle. Die Badner Bahn musterte bis 1993 ihre secondhand von den Kölner Verkehrsbetrieben übernommenen Fahrzeuge, erbaut 1958, seit 1970 im Einsatz bei der Badner Bahn, aus. Gegen Mitte des Jahrzehnts erfolgten die Verlängerung der Linie 25 von der Haltestelle Sozialmedizinisches Zentrum Ost nach Aspern und die Verlängerung der Linie 71 nach Kaiserebersdorf. Ebenfalls Mitte des Jahrzehnts gingen die ersten beiden Niederflurstraßenbahn-Prototypen, je ein langer und ein kurzer Ultra-Low-

Floor-Zug, kurz ULF genannt, in Betrieb. Die ersten Serienfahrzeuge des ULF gelangten dann 1998 in den Regelverkehr. Die Linie 67 bekam 1996 eine Schleife auf dem Laaer Berg („Altes Landgut") für die Abstellung von Verstärkerzügen bei Veranstaltungen im nahen Horr-Stadion. 1996 verschwanden zwei Straßenbahntypen, womit zugleich ein Stück Straßenbahngeschichte zu Ende ging: Die Type F, im Einsatz von 1963 bis 1996, war das letzte Personenfahrzeug mit zweiachsigem Fahrgestell, Kurbelschalter und der Handbremse als Feststellbremse. Mit der Verabschiedung der Type C1 (1955–1996) war auch das Ende des Einsatzes von Schaffnern verbunden: Am 20. Dezember 1996 verkehrten die letzten mit Schaffnern besetzten Züge.

1995 etablierte die Stadt ein täglich betriebenes Nachtbusnetz. Acht Jahre nach der letzten Tariferhöhung erfolgte mit Jahresbeginn 1999 wieder eine. Im selben Jahr endete die alte Wiener Tradition, die Verkehrsflotte jeden 1. Mai erst ab dem frühen Nachmittag fahren zu lassen. Betriebsstart ist seitdem, wie an anderen Feiertagen, in der Früh. Seit 1999 nennen sich die Wiener Stadtwerke – Verkehrsbetriebe nun Wiener Linien GmbH & Co KG, im Alltag hat sich die Begrifflichkeit Wiener Linien eingebürgert.

Bis Ende der 1990er-Jahre war es üblich, dass der erste Zug einer Linie am frühen Nachmittag des 1. Mai geschmückt ausfuhr. Zuvor ruhte der Straßenbahnverkehr. Die Linie 72 diente von 1991 bis 2000 als Zubringerlinie vom Zentralfriedhof zur U3-Station Schlachthausgasse (Aufnahme vom 1. Mai 1991).

Tramwayromantik 1992 in der Endstation Prater Hauptallee. Dorthin verkehrte die Linie N von 1980 bis 2008, heute benützt die Linie 1 diese Haltestelle. Die alte Anzeigentafel erinnert daran, dass früher auch andere Linien in den Prater unterwegs waren.

Am 5. Juni 1993 präsentierten die Wiener Stadtwerke – Verkehrsbetriebe am Tramwaytag im Bahnhof Gürtel den „erweiterten Versuchsträger“ der kommenden ersten Niederflurstraßenbahngeneration. Er diente zur Erprobung der neuen Niederflurstraßenbahnen Type A/B, genannt ULF (Ultra Low Floor). Der jährliche Tramwaytag ist gemäß der Stadt Wien eine „traditionelle Leistungsschau der Wiener Linien“.

Am 26. Mai 1995 konnte dieser Kabeltrommelwagen der Type kt in der Leopold-Ferstl-Gasse fotografiert werden. Die Wiener Stadtwerke – Verkehrsbetriebe besaßen zwei Stück, die von 1912 bis 1997 im Einsatz waren. Der kt 7132 befindet sich nun bei der Museumstramway Mariazell.

Foto vom 9. Juli 1995 in der Freianlage des Bahnhofs Favoriten. Nach ihrem Ausscheiden wurden etliche Fahrzeuge der Type B zu Arbeitswagen der Type BH (das H steht für Hilfstriebwagen) umgebaut. Einer davon steht heute noch zur Schulung des Personals für die Bedienung von Kurbelfahrschaltern in Verwendung.

Am 6. Juni 1998 fand der Wiener Tramwaytag in der Remise Michelbeuern statt, unter anderem standen Publikumsfahrten mit der U-Bahn-Dieseldraisine Type UDD am Programm. Von dieser Type gab es zwei Stück, die von 1978 bis 2004 bei den Wiener Linien im Einsatz waren und dann an die Badner Bahn gingen.

Dieses altertümliche Gefährt – entdeckt 1999 am Schwarzenbergplatz – enthielt im Kasten Werkzeug für die Schneeräumung und im großen Behälter Streusand.

Wolfgang Proisl (Jahrgang 1960) wäre gerne Fahrdienstleiter oder Lokführer bei der Eisenbahn geworden, hatte als Brillenträger aber keine Chance auf den Wunschberuf. Er begann daher 1976 eine Tischlerlehre bei den Wiener Stadtwerke – Verkehrsbetrieben und hatte dort bis zu seiner Pensionierung 2022 verschiedene Funktionen inne. Unter anderem war er von 1983 bis 1986 als Straßenbahnfahrer und Schaffner tätig, von 1986 bis 1992 nur als Schaffner unterwegs.

Die Ausbildung dazu umfasste drei Wochen theoretischen Unterricht und eine Woche Praxis mit einem Lehrschaffner. Die Kursteilnehmer erwarben Kenntnisse über das Straßenbahnnetz und die technische Ausrüstung der Garnituren (um zum Beispiel eine Türstörung beheben zu können), nahmen die unterschiedlichen Fahrscheinsorten durch und büffelten die Haltestellen ihrer künftigen Einsatzgebiete inklusive der (heute nicht mehr existierenden) Kurzstreckengrenzen. Am Ende gab es eine Prüfung.

Als Schaffner war Proisl auf den damals noch mit Schaffnern besetzten Straßenbahntypen C1 (Inbetriebnahme ab 1955; ausgemustert 1996), L (1973–1992) und F (1963–1996) unterwegs. Gekleidet in seiner Dienstuniform, thronte er leicht erhöht und den Überblick bewahrend auf dem quer zur Fahrtrichtung aufgestellten Schaffnersitz. Sein Platz umfasste die Kassa, ein Mikrofon, Knöpfe zum Betätigen der Türen, einen Knopf für die Abfertigungsglocke und ein Schienenbremspedal für Notbremsungen. Proisl verkaufte Erwachsenen- und Kinderfahrscheine, entwertete Fahrscheine mit einer Makrozange oder handschriftlich, wenn diese kaputt war, und kontrollierte die Karten derer, die an ihm vorbeigingen. Hielten sich Fahrgäste abseits des Schaffners, war es nicht dessen Aufgabe, diese zum Fahrscheinherzeigen aufzufordern. Das und die Bestrafung von Schwarzfahrern war Angelegenheit der Kontrolleure. Die Schaffner hatten allerdings eine Menge weitere To-dos: das Öffnen und Schließen der Aus- und Einstiege mittels Knopfdruck, die Betätigung der Abfertigungsglocke nach dem Schließen der hinteren und, wenn vorhanden, der mittleren Tür, die Ansage der Stationen, der Umsteigemöglichkeiten und der Kurzstreckengrenzen. Weitere Aufgaben waren morgens die Besteckung des Zuges mit Liniensignalen, Zielschildern und Infotafeln im Innenraum und die Kontrolle der Entwerter, der Sauberkeit und der Türen. Zudem unterstützten die Schaffner den Fahrer bei Unfällen, technischen Störungen oder sonstigen Ungereimtheiten und sammelten nach dem Einziehen des Wagens in die Remise vergessene und verlorene Gegenstände ein.

Wolfgang Proisl

Proisls Stammstrecken waren die Linien J (Stadionbrücke bis Erdbrustgasse), 46 (Dr.-Karl-Renner-Ring bis Joachimsthalerplatz) und 45, mit der der Verkehr zum Stadion durchgeführt wurde. Einsätze gab es aber auch auf den Linien 40 (Schottentor bis Herbeckstraße), 44 (Schottentor bis Dornbach), 62 (Karlsplatz-Oper bis Wolkersbergenstraße) und D (Südbahnhof bis Nußdorf). Wegen vielfältiger Möglichkeiten ist es nicht so einfach, Proisls Dienstzeiten abzubilden: Es gab Frühdienste, sogenannte Unterbrecher und Spätdienste. Ein Frühdienst begann auf der Linie J mit dem ersten Auslauf um 4.26 Uhr und dauerte bis circa 11.30 Uhr. Nach einer Tour mit dem J gab es eine Pause. Der erste 46er fuhr um 4.47 Uhr aus, eine Pause gab es aber erst nach drei Touren. Die Pausen dauerten zwischen zehn und 50 Minuten. Ein anderer Frühdienst begann um 6.30 Uhr und dauerte bis 14.59 Uhr – nicht aber bis 15 Uhr, sonst hätten 80 Minuten Mittagspause und die Mehrleistung nach 15 Uhr bezahlt werden müssen. Unterbrecher dauerten vom ersten Zug bis rund 9 Uhr und von circa 12.30 Uhr bis etwa 18.30 Uhr. Die Zeit dazwischen galt als Freizeit. Spätdienst gab es am 46er zum Beispiel von 11.30 Uhr bis Punkt 20.21 Uhr, danach verkehrten die Züge schaffnerlos. Am J hingegen dauerte die Spätschicht von rund 15 Uhr bis zum letzten Zug gegen 23.30 Uhr. Generell galt, dass die Schaffner nicht mehr als drei Stunden ununterbrochen am Zug sein durften. Zum Frühdienst musste er fallweise um 2.30 Uhr aufstehen!

Proisls Fahrgäste waren, auch nicht anders als heute, Pendler, Arbeiter, Schüler, „normale Bürger, alte Leute und Touristen am Ring“. Die meisten Fahrgäste gab es an den Einkaufssamstagen vor Weihnachten und natürlich in der Hauptverkehrszeit. Bei der in dichten Intervallen verkehrenden Straßenbahn war es für das Personal schwer, Stammgäste auszumachen, aber in der Früh beim ersten Zug gab es diese doch. Das waren „Hackler“, unterwegs zur Arbeit. Im Gegensatz zu heute, so Proisl, gab es seitens der Fahrgäste keine Kritik an den Fahrzeugen, bei Störungen keine Klagen. „Man war froh, dass die Tram überhaupt gefahren ist.“ Möglicherweise hatte man seinerzeit auch weniger zu klagen als heute, denn Proisl erinnert sich, dass es trotz mitunter schadhafter Gleise kaum Langsamfahrstellen gegeben hat: „Wir sind volles Rohr über die hinnigen Gleise gefahren, etwa am Brauereibergl in Ottakring oder in der Josefstädter Straße.“

Unter den Fahrgästen kam es kaum zu Konflikten, hie und da gab es Streit um einen Sitzplatz, aber Proisl mischte sich nicht ein. Fahrgäste, die „sich aufführten“ und etwa das Personal beschimpften, wies Proisl zunächst zurecht, nützte das nichts, drohte er mit der Polizei. „Der Schaffner galt damals allerdings noch als Respektsperson“, so Proisl. Sein Wort zählte. Und er erinnert sich, dass es zu Weihnachten und Silvester gelegentlich kleine Aufmerksamkeiten von den Fahrgästen gab. Das seien doch andere Zeiten gewesen, so Proisl.

Die 2000er-Jahre

Eisenbahn

Das Jahr 2000 wies zahlreiche EuroCity-Verbindungen von Wien zu eher ungewöhnlichen Zielen wie Magdeburg, Miskolc, Debrecen oder Fonyód auf. Natürlich erreichten die EC auch klassische Ziele wie Paris, Rom, Warschau, Prag und Hamburg. Hamburg konnte via Prag beziehungsweise mit dem Intercity-Express (ICE) via Passau angefahren werden. Die 1993 eingeführte Zugkategorie EuroNight (EN) verband Wien mit Dortmund, Brüssel, Amsterdam, Berlin, Rom, Hamburg, Venedig und Zürich. D-Züge stellten weitere internationale Verbindungen her, unter anderem ein D-Zug namens Radtramper vom Franz-Josefs-Bahnhof nach Passau. Sehr dicht war das Angebot inneröstereichischer Zugverbindungen von und nach Wien, wobei mit EC, IC, D und einem innerösterreichischen EN nach Bregenz sämtliche Zugkategorien vertreten waren. Viele Züge trugen nach wie vor Namen, vertreten waren Komponisten, Künstler, bedeutende historische Männer und Frauen, aber auch geografische Bezeichnungen. Der Nahverkehr nach und von Wien hat sich im Vergleich zu 1990 ebenfalls verbessert.

Die Chronik der Nullerjahre: 2000 begann im Zuge des Ausbaus der S7 zum Flughafen Wien der Umbau der Station Rennweg. Seit 2002 fährt die S7 in diesem Bereich auf neuer, unterirdischer Trasse, die ehemalige Trasse über den aufgelassenen Aspangbahnhof wurde in den Folgejahren mit neuen Wohn- und Parkanlagen verbaut. Die umgebaute Strecke zum Flughafen nutzt zudem seit Dezember 2003 der City Airport Train (auch CAT genannt) als schnelle Direktverbindung ohne Halt zwischen Wien Mitte und Flughafen Schwechat. 2001 tauchten die ersten Touchscreen-Fahrkartenautomaten der ÖBB auf, die zunächst nur mit Bankomat- oder Kreditkarte benützbar waren, ab dem 1. Jänner 2002 auch mit dem an diesem Tag eingeführten Euro. Im selben Jahr begann die Durchbindung der Regionalzüge der Nordwestbahn und der Nordbahn, die zuvor in Wien Nord Endstation hatten, auf die Südbahn. Die Züge fuhren ab diesem Zeitpunkt über die Schnellbahnstammstrecke durch Wien und ersparten vielen Fahrgästen das Umsteigen. Das Fachblatt „Schienenverkehr aktuell“ lobte diese Maßnahme: „Damit gibt es jetzt auch in Wien einen mit Paris oder Zürich durchaus vergleichbaren S-Bahn-Standard.“ Ende 2004 begannen der Ausbau der Pottendorfer Linie im Bereich Wien, die Umbauarbeiten des Bahnhofs Wien Nord und der Bau des Wienerwaldtunnels für die Neubaustrecke von Wien nach St. Pölten.

Wesentlichen Veränderungen waren in diesem Jahrzehnt einige Bahnhöfe und Haltestellen unterworfen: 2000 endete der Betrieb der 1964 errichteten Station Strandbäder. Anfang des Jahrzehnts starteten Umbau, Erweiterung und Modernisierung des Bahnhofs Meidling, vor allem in Hinblick auf die Einbindung des Lainzer Tunnels.

2003 eröffnete die modernisierte Haltestelle Jedlersdorf, der Bahnhof hatte zuvor nur Erdbahnsteige besessen. Am Nordbahnhofgelände verschwanden Güterbahnhof und Traktionsstandort, stattdessen entstanden später, nach etlichen Jahren des Brachliegens, zahlreiche Wohnbauten. Die Gleise der Schnellbahn zwischen Praterstern und Traisengasse wurden aufgrund des gewonnenen Platzes von der Nordbahnstraße in östliche Richtung verlegt, auch auf dieser dadurch freigewordenen Fläche entstanden nach einigen Jahren neue Wohnblocks. Rechtzeitig zur EM 2008 konnte der völlig neu errichtete Bahnhof Praterstern eröffnet werden. 2007 bis 2009 erfolgte der Umbau der Traisengasse in eine barrierefreie Station. 2007 erfolgte zudem der Spatenstich für den Hauptbahnhof Wien am Standort des ehemaligen Süd- und Ostbahnhofs. Im Zusammenhang mit dem Bau des Hauptbahnhofs verlor der Bahnhof Matzleinsdorf seine Funktion als Frachtenbahnhof und wurde zum Traktionsstandort umgebaut. Schließlich verschwand auch der Frachtenbahnhof Wien Ost. Am 12. Dezember 2009 beendete der Südbahnhof seinen Betrieb, die Ostbahn endete ab diesem Zeitpunkt in einem provisorischen Ostbahnhof rund 150 Meter südöstlich des bisherigen Standortes. Der Bahnhof Meidling diente fortan als Ersatz für den Südbahnhof. Im Rahmen der Bahnhofsoffensive begann auch die Modernisierung des Westbahnhofs: Schwerpunkte waren die Errichtung von Neubauten links und rechts der denkmalgeschützten Halle und der Bau neuer Geschäftsflächen im und unterhalb des Bahnhofs. Ende September 2009 schloss die große Werkstätte der ÖBB in Floridsdorf, dort entstand in den Folgejahren das Krankenhaus Wien Nord. Wichtig für den Güterverkehr waren in dem Jahrzehnt der Ausbau des Containerterminals Freudenau und der Neubau der im Zweiten Weltkrieg zerstörten Winterhafenbrücke, wodurch sich die lange bestehende Lücke zwischen Handelskai und Kaiserebersdorf schloss.

Am Fahrzeugsektor ließen sich in den Nullerjahren drei wichtige Entwicklungen beobachten: Am 12. Dezember 2003 ging mit dem letzten Schnellbahneinsatz eines 4030 – Wiens erster Schnellbahngeneration – auf der Fahrt von Meidling nach Floridsdorf eine Ära zu Ende. Ab Jänner 2005 kam ein Niederflurfahrzeug namens Talent im S-Bahn-Verkehr zum Einsatz. Ende 2008 präsentierten die ÖBB mit dem Railjet (RJ) einen völlig neuen Zugtyp für den Fernverkehr. Er erreicht 230 km/h, ist mit Abstellplätzen für Kinderwagen, Kinderkino, Bordrestaurant, lederbezogenen Sitzen in der Premium Class, verstellbaren Beinauflagen und Steckdosen ausgestattet. Gleichzeitig musterten die ÖBB die letzten Garnituren der im Fernverkehr eingesetzten Reihe 4010, die zuletzt auf der Franz-Josefs-Bahn im Einsatz war, aus.

Wegen Mangels an Dieselloks mieteten die ÖBB von der Deutschen Bahn fünf Stück der Reihe 232 mit dem Spitznamen Ludmilla, die ihrerseits die Deutsche Reichsbahn (die Staatsbahnen der DDR) 1970 von der Sowjetunion bezogen hatte. In Österreich waren sie von 2000 bis 2002 im Einsatz (16. Februar 2001 in Wien).

Von 1989 bis 1994 entstanden 60 Stück der Reihe 2068. Hier ist am 30. Mai 2001 die zuletzt gebaute Lok dieser Reihe in der Zugförderung Wien-Ost zu sehen.

Wie eine Güterstraßenbahn wirkt diese Garnitur in der Ferdinand-Porsche-Gasse in Liesing am 11. Juli 2003. Das dortige weitverzweigte Anschlussbahnnetz wurde mit Ende des Jahres 2003 eingestellt.

Im November 2003 präsentiert sich das zum Abriss bestimmte Materialmagazin am Südbahnhofgelände als Lost Place.

Traurig stimmt der Zustand dieses im November 2003 in einem hinteren Winkel des Frachtenbahnhofs Wien Süd (Ostseite) entdeckten, einst eleganten Speisewagens der Compagnie Internationale des Wagons-Lits.

100 Stück umfasste die ab 2002 gebaute Reihe 2016. Im Sommer 2005 hält die 2016 090 mit dem Euregio (ER) 1850 nach Znojmo (Znaim) im Bahnhof Floridsdorf.

Das Foto entstand tatsächlich in Wien: in der Praterau im Rahmen einer Sonderfahrt mit dem 5041.03 im Jahr 2006. Heute gibt es dieses Gleis dort nicht mehr.

Straßenbahn und U-Bahn

Die Wiener Linien transportierten im Jahr 2000 keine Beförderungsfälle mehr, sondern Fahrgäste, und zwar 724,9 Millionen. 611,7 Millionen benutzten schienengebundene Verkehrsmittel, 113,2 Millionen Fahrgäste den Autobus. Für 2001 listet die Statistik 1205 Triebwagen und 417 Beiwagen für U- und Straßenbahn auf. 32 Straßenbahnlinien befuhren 232,5 Kilometer Linienlänge, fünf U-Bahn-Linien ein Netz von 61,6 Kilometern. Die Stadt zählte 638.568 Personenkraftwagen.

Im Dezember 2000 eröffnete der U3-Abschnitt von Erdberg bis Simmering, gleichzeitig ging der Prototyp eines neuen U-Bahn-Wagens (Type V/v) in Betrieb. Dessen wesentliches Kennzeichen war die Durchgängigkeit vom ersten bis zum letzten Wagen. Die Type gelangte ab 2006 in den Planeinsatz. Auch die Badner Bahn bekam im Jahr 2000 neue Fahrzeuge, die den auf der U6 eingesetzten Niederflurfahrzeugen ähnlich waren. Die Ähnlichkeit der Wagen führte zu Überlegungen, U6 und Badner Bahn zu verknüpfen, Testfahrten 2002 verliefen aber nicht zufriedenstellend. 2004 konnte das Nachrüsten derjenigen U-Bahn-Stationen mit Aufzügen vollendet werden, die bei ihrer Errichtung ohne Aufzug in Betrieb gegangen sind. Einzige Ausnahme war die U2-Station Schottenring, wo der Umbau dann im Zuge einer späteren Streckenverlängerung erfolgte. 2006 ging der U1-Abschnitt von Kagran bis Leopoldau in Betrieb, 2008, rechtzeitig vor Beginn der Fußball-Europameisterschaft, die U2-Verlängerung vom Schottenring (nun mit Lift) zum Stadion. Gegen Ende des Jahrzehnts verschwanden die letzten E6/c6-Züge von der U6, seitdem sind dort ausschließlich Niederflurgarnituren im Einsatz.

Recht viel tat sich in den 2000er-Jahren bei der Straßenbahn: Ende 2000 begannen die Wiener Linien, ihre Haltestellen mit elektronischen Informationstafeln auszustatten, die die dort verkehrenden Linien, deren Ziel und die Zeit bis zur nächsten Abfahrt anzeigen. Die ersten Tafeln dieser Art standen am Franz-Jonas-Platz in Floridsdorf. 2002 tauchten die ersten Fahrkartenautomaten mit Touchscreen auf. Musste die Straßenbahn normalerweise dem Autoverkehr weichen, verdrängten 2002 die Fußgänger die Straßenbahn aus der Favoritenstraße: Wegen der Verlängerung der Fußgängerzone vom Columbusplatz bis zum Südtiroler Platz wurde die Straßenbahn in die Laxenburger Straße verlegt. Obwohl nur ein paar Jahre zuvor aufwendig saniert, erfolgte im September 2003 die Stilllegung des Gleisanschlusses zur Materialrutsche Stromstraße. Lange Jahre wurde dort Schotter mit der Eisenbahn angeliefert und von Arbeitszügen der Straßenbahn abgeholt. Interessant ist in diesem Zusammenhang das Wiener Projekt GüterBim, das Warentransporte aller Art wieder auf die Straßenbahn verlagern sollte, nachdem die Straßenbahn in früheren Jahrzehnten erfolgreich Güter aller Art transportiert hat. Ab 2005 kurvte daher zu Testzwecken für einige Zeit ein Arbeitstriebwagen mit einem langen Güterwagen durch Wien. Das hat sich nicht bewährt … Die Nullerjahre bescherten der Stadt ULF-Niederflurwagen der zweiten Generation mit Klimaanlage. Somit konnten auch die letzten Fahrzeuge der ersten Generation der sechsachsigen Gelenkwagen der Type E (1959–2007) ausgemustert werden. Im Lauf des Jahrzehnts verkauften die Wiener Linien nicht mehr benötigte Straßenbahnwagen verschiedener Typen unter anderem nach

Krakau, Miskolc, Sarajevo und Graz, U6-Fahrzeuge der Typen E6/c6 gelangten nach Utrecht und Krakau. 2006 erfolgte die Stilllegung der Remise Breitensee, an deren Stelle später Wohnhäuser entstanden. Ebenfalls 2006 erfolgte im Zuge der U1-Verlängerung nach Leopoldau die Einstellung der Linie 25 zwischen Kagran und Leopoldau, während der Ast der Linie 25 nach Aspern von der Linie 26 übernommen wurde – womit die Linie 25 für einige Jahre aus dem Netz verschwand. Mit der Verlängerung der U2 zum Stadion 2008 folgte trotz Protesten die Einstellung der Linie 21. Die Wiener Linien hielten die Strecke während der Fußball-Europameisterschaft noch betriebsbereit, um bei etwaigen U-Bahn-Störungen eine Rückfallebene für den Stadionverkehr zur Verfügung zu haben.

2008 wurde ein neues Ringlinien-Konzept verwirklicht: Die Linien 1 und 2, die bisher die Innere Stadt gegengleich umkreisten, wurden zu den Ring mitbenutzenden Durchmesserlinien. Dafür fuhr ab 2009 die Vienna Ring Tram hauptsächlich als touristisches und nur mit einem eigenen Ticket zu benutzendes Angebot am Ring im Kreis. Zum Einsatz kam ein gelb lackierter Gelenkwagen, in dem sich Interessierte mittels Kopfhörer in verschiedenen Sprachen über Sehenswürdigkeiten entlang der Ringstraße informieren konnten. Ende des Jahrzehnts begann der Bau einer 170 Meter langen Verbindungsstrecke von der Stadiongasse durch die Reichsratstraße zum Schmerlingplatz, die, ohne einen regulären Betrieb aufzuweisen, bei Veranstaltungen am Ring für Umleitungen genutzt wird.

Die Linie 21 (Schwedenplatz bis Stadlauer Brücke) fiel im Mai 2008 der U2 zum Opfer. Das Foto entstand wenige Monate vor der Einstellung.

Das Foto dieser Gleisstopfmaschine entstand am Maurer Berg bei der Anton-Krieger-Gasse auf der Linie 60 am 2. August 2002.

2004 begannen Umbau und Modernisierung des Bahnhofs Praterstern, 2008 bis 2010 erfolgte die Umgestaltung des Vorplatzes.

Tagsüber in der Werkstatt, nachts unter der Erde. Ein Techniker der U-Bahn berichtet

Gerhard Brenner, geboren 1960, absolvierte nach der Polytechnischen Schule eine Lehre als Schlosser. Ein Freund hat ihn während der Ausbildung darauf aufmerksam gemacht, dass bei den Wiener Stadtwerke – Verkehrsbetrieben dringend Mitarbeiter gesucht werden. Der Facharbeiterkräftemangel damals sei mit dem gegenwärtigen vergleichbar, so Brenner. Er hat sich erfolgreich beworben und 1979 begonnen, bei der U-Bahn zu arbeiten. Zu diesem Zeitpunkt bestand das Wiener U-Bahn-Netz erst aus den Linien U1 und U4, deren Endausbau noch nicht abgeschlossen war.

Brenner hat sich auf den Bau und die Instandhaltung von Weichen und Weichenteilen spezialisiert. Sein Dienstort war der U-Bahn-Betriebsbahnhof Wasserleitungswiese, dessen Techniker und Facharbeiter für alle Weichen des U-Bahn-Netzes zuständig waren. Seine Arbeit sah Tag- und Nachtdienste vor: Im Tagdienst von 7 bis 15 Uhr stellten er und seine Kollegen Weichenbestandteile her, überprüften Weichen, einzelne Komponenten und Weichenantriebe. Letztere mussten nach fünf Jahren Gebrauch getauscht werden. Je nach Erfordernis hatte er zusätzlich Nachtschichten von 22 bis 6 Uhr, manchmal bis zu drei Mal pro Woche, zu leisten. Brenner fuhr an solchen Tagen um 15 Uhr nach Hause, legte sich schlafen und trat um 22 Uhr erneut zum Dienst an. Es kam öfter vor, dass zwei Nachtschichten hintereinander anfielen.

In der Nacht war er Teil eines drei- bis sechsköpfigen Teams, das sich von 22 Uhr bis zum Betriebsschluss der U-Bahn auf den Einsatz vorbereitete. Die Männer richteten das Werkzeug her, führten Reparaturen durch und schafften Ordnung in der Werkstatt. In der betriebslosen Zeit der U-Bahn fuhr das Team ins Netz. Die Techniker, geführt von einem Partieführer, überprüften das Funktionieren der Weichen, behoben Störungen, tauschten Weichenantriebe aus und führten Umbau- und Reinigungsarbeiten durch. Wichtig war es, die Weichenbereiche vom Müll zu befreien, um Brandgefahr zu vermeiden, was händisch passierte. Bei Weichen auf offenen Streckenabschnitten kam für Reinigungsarbeiten ein Arbeitswagen mit Staubsauger zum Einsatz. Um den Einsatzort zu erreichen, fuhren die Kollegen per Auto zu der nächstgelegenen Station, stiegen hinab in die Röhren und gingen zu Fuß weiter. Oder einer der in den U-Bahn-Betriebsbahnhöfen Wasserleitungswiese, Michelbeuern, Rößlergasse und Erdberg stationierten Arbeitszüge brachte die Gruppe zum Einsatzort.

Die Arbeit in der Nacht war körperlich anstrengend und geschah unter Zeitdruck, denn die nächtliche Pause des U-Bahn-Verkehrs war kurz. Während der Einsätze war die Stromschiene der U-Bahn aus Sicherheitsgründen abgeschaltet. Den Arbeitseinsatz auf der mittels Oberleitung betriebenen U6 empfand Brenner als einfacher, da es keine Stromschienen gab und somit der Zugang zu den Weichen leichter war. Allerdings waren Einsätze im Winter unangenehmer, da die U6 hauptsächlich oberirdisch verläuft. Nachts befanden sich öfter illegal Menschen wie Sprayer oder Kupferdiebe in den Tunnels, die sich vor den Arbeitstrupps versteckten. Hatte Brenner Angst vor unliebsamen zwischenmenschlichen Begegnungen? „Nein, es war wohl eher umgekehrt. Die verschwanden wie die Ratten“ – welche sich ebenfalls in den U-Bahn-Schächten herumtrieben. Wenn das Team allerdings einen Verdacht auf die Anwesenheit Unbefugter hatte, verständigte es die Leitstelle.

2018 ging Brenner, der der U-Bahn sein ganzes Berufsleben treu geblieben ist, in Pension. Rückblickend betrachtet war er mit seiner beruflichen Tätigkeit zufrieden, vor allem wegen der vielen Tagesfreizeit – wenn denn kein Nachtdienst anstand. Diesen hat er nicht besonders gern gehabt, doch die Familie hat es problemlos geschafft, sich darauf einzustellen.

Am 27. Mai 2000 konnten die Wiener Linien im Rahmen des Tramwaytages den Prototyp der U-Bahn-Type V vorstellen. Diese Type ist die zweite Generation Wiener U-Bahn-Fahrzeuge.

Die 2010er-Jahre

Eisenbahn

Anfang des Jahrzehnts diente der Westbahnhof noch als internationaler Bahnhof, die Züge in den Süden fuhren wegen der Errichtung des Hauptbahnhofs von Wien Meidling ab. Im Zusammenhang mit dem Bau des neuen Hauptbahnhofs ging 2010 auf dem Gelände des ehemaligen Frachtenbahnhofs Wien Matzleinsdorf ein neuer Hightech-Stützpunkt für die Wartung und Reinigung von Zügen, inklusive Abstellplätze für Lokomotiven und Waggons, nach einer Rekordbauzeit von nur 23 Monaten in Betrieb. Mehrere ICE verbanden 2010 Wien mit Frankfurt, Dortmund und München, Railjets fuhren nach München, Zürich, Budapest und Bregenz, EuroCity-Züge nach Prag, Warschau, Ljubljana und Zagreb. Der Vindobona verkehrte von Villach über Wien und Prag nach Hamburg, es gab einen EC von Berlin nach Wien Praterstern (!) und einen EC vom Praterstern nach Stralsund, der an manchen Tagen bis nach Ostseebad Binz auf Rügen fuhr. EuroNight-Züge verbanden Wien mit Venedig, Zürich, Rom, Bregenz, München und Hamburg. Fünf tägliche Inter- und EuroCity-Züge fuhren grenzüberschreitend von Wien nach Marburg/Maribor und teilweise auch weiter, ein nächtlicher D-Zug erreichte Bukarest mit einem Zugteil von Wien nach Sofia über Belgrad. Schlafwagenverbindungen gab es auch nach Moskau, Minsk und Kiew. Zahlreiche InterCity-Züge verbanden Wien mit den Bundesländern, manche trugen kuriose Namen wie A1 BlackBerry, Bellissimo (fuhr aber nur bis Villach, nicht nach Italien) oder Erlebnis Demokratie.

Wien selbst bot auf der Schnellbahnstammstrecke dichten Verkehr, der in der Hauptverkehrszeit Zugfolgen von drei bis sechs Minuten brachte. Die Vorortelinie verkehrte an Werktagen von Montag bis Freitag alle zehn Minuten, an Wochenenden alle 15 Minuten. Schnellbahnzüge und Regionalexpresszüge (REX), früher Eilzüge genannt, erschlossen im Takt das Umland von Wien. Bis Ende 2010 bestand eine sechs Jahre zuvor eingeführte Schnellbahnlinie, die eine Schleife durch Wien zog: Sie startete am Südbahnhof Ostseite und fuhr über Stadlau, Kagran, Leopoldau sowie Wien Mitte zum Flughafen und retour. Die schwache Frequentierung zwischen Wien Ost und Floridsdorf war der Grund für deren Einstellung. Nach Bratislava gab es sowohl über Marchegg als auch über Kittsee Stundentakt.

Werfen wir einen Blick in die Chronik: 2011 stellte im Geriatriezentrum am Wienerwald, zuvor Versorgungsheim Lainz genannt, die letzte Wiener Feldbahn nach 107 Jahren ihren Betrieb ein. Mit Fahrplanwechsel 2011 startete das Unternehmen WESTbahn einen Zugverkehr zwischen Wien Westbahnhof und Salzburg. Ende 2011 eröffnete der umgebaute Westbahnhof als BahnhofCity Wien West. Der unter Denkmalschutz stehende Bau aus 1949 wurde um ein Einkaufszentrum mit rund 80 Shops erweitert. Böse Zungen bezeichnen ihn seither als Einkaufszentrum mit Bahnanschluss. Seit Mitte 2012 steuert die Betriebsführungszentrale Wien, wo Weichen und Signale gestellt werden, die Schnellbahn. Dadurch konnten einige Stellwerke aufgelassen werden. Im selben Jahr stellten die ÖBB die Schnellbahn auf Rechtsverkehr um, ebenso weitere Strecken im Umland von Wien. Mit Fahrplanwechsel am Jahresende 2012 konnte drei Jahre nach der Schließung des Südbahnhofs der Teilbetrieb auf dem neuen Hauptbahnhof aufgenommen werden. Bei gleichzeitiger Auflassung des provisorischen Ostbahnhofs diente der neue Hauptbahnhof anfangs vor allem den regionalen Zügen der Ostbahn. Der letzte vom provisorischen Ostbahnhof abfahrende reguläre Zug nach Bruck an der Leitha war mit einer Dampflok bespannt. Ebenfalls zeitgleich ging die Hochleistungsstrecke von Wien nach St. Pölten mit dem Lainzer- und Wienerwaldtunnel in Betrieb, wobei der Fernverkehr Richtung Westen vorerst noch vom Westbahnhof aus lief. Die unterirdische Schnellbahnhaltestelle Wien Südbahnhof heißt seit 2012 Wien Quartier Belvedere, die dem Hauptbahnhof nun näher gelegene ehemalige Haltestelle Südtirolerplatz ist zu Wien Hauptbahnhof geworden. Letztere erfuhr bis 2012 eine Sanierung und Modernisierung, Erstere bekam 2015 ein Lifting. 2013 beendeten die ÖBB die Herausgabe ihres Gesamtkursbuchs, seitdem sind dünne Fahrplanheftchen für ihre Strecken gratis. 2014 und 2015 übernahm der neue Hauptbahnhof mit Ausnahme der WESTbahn-Züge auch den Fernverkehr vom Südbahnhof-Ersatzbahnhof Meidling und dem Westbahnhof. Neu waren 2014 österreichische Fernzüge über den Hauptbahnhof hinaus zum Flughafen und vice versa, wofür eine 2,1 Kilometer lange Strecke von der Ostbahn abzweigend über den Zentralverschiebebahnhof zur S7 gebaut worden ist. 2016 war auch die Haltestelle Brünner Straße barrierefrei.

Ab der zweiten Hälfte des Jahrzehnts kamen österreichweit nach und nach die drei neuen, sehr komfortablen Cityjet-Reihen zum Einsatz, die Variante mit sechs Türen pro Seite hauptsächlich auf der Wiener Schnellbahn. Sie bieten niederflurige Einstiege, zwei Toiletten (eine davon rollstuhltauglich), Klimaanlage, WLAN und auf jedem Sitzplatz Steckdose, Leselampe und ein ausklappbares Tischchen. Die Reihe ersetzte zahlreiche Triebwagen der Reihe 4020 aus den 1980er-Jahren. Am südlichen Wiener Stadtrand ging Ende 2016 östlich der Pottendorfer Linie die erste Ausbaustufe des Güterzentrums Wien Süd in Betrieb, das in weiterer Folge den Güterbahnhof Wien Nordwest ersetzte. 2017 bis 2019 fuhren WESTbahn-Züge über die Tieflage des Hauptbahnhofs bis zum Praterstern. 2018 erfolgte unter Protest der Bevölkerung die Auflassung der Haltestelle Wien Hausfeldstraße. Buslinien, die Straßenbahnlinie 26 und die U2 bilden dort einen wichtigen Verkehrsknoten – bloß die dazugehörige Bahnstation hat zugesperrt. Ersatz als Verknüpfung zwischen U2 und ÖBB bietet die 500 Meter entfernte, 2018 eröffnete Haltestelle Aspern Nord.

Anfang 2010 begann der Abriss des am 12. Dezember 2009 geschlossenen Südbahnhofs, seinerseits ein Bau aus den 1950er-Jahren.

Wehmütig stimmt der Blick in den ehemaligen Abfahrtsbereich. Wie viele Millionen Reisende sind hier angekommen oder abgefahren?

Auch das markante Stellwerksgebäude oberhalb des Südtiroler Platzes fiel dem Umbau zum Hauptbahnhof zum Opfer.

Im September 2015, am Höhepunkt der Flüchtlingswelle, ist der Wiener Hauptbahnhof voller Geflüchteter. Hilfsorganisationen und Freiwillige bieten ihnen vor Ort Hilfe.

Bis zur vollen Inbetriebnahme des Hauptbahnhofs am 13. Dezember 2015 fuhren die Railjet-Züge vom Westbahnhof ab (Aufnahme vom 22. November 2015).

Im Dezember 2015 begann der Einsatz der Typenfamilie Desiro ML. Die Reihe 4746 mit sechs Türen pro Seite, WLAN, Leselämpchen, Tischchen, zwei Toiletten, guter Beschleunigung und optimaler Laufruhe ersetzte zahlreiche 4020-Triebwagenzüge (Aufnahme vom 2. September 2024 auf der Nordbahnbrücke).

Im Prater gab und gibt es mehrere „Schmalspurbahnen“. Eine davon war dieses 1887 eröffnete Ponykarussell. Nach Protesten von Tierschützern schloss es 2016 (Aufnahme vom 21. Juni 2015).

2017 warteten am Nordwestbahnhof von Siemens gebaute U-Bahn-Züge für Saudi-Arabiens Hauptstadt Riad auf ihren Weitertransport.

In den Fahrplanperioden vom Dezember 2017 bis zum Dezember 2019 fuhren Züge des Eisenbahnverkehrsunternehmens WESTbahn stündlich vom Praterstern nach Salzburg und zurück (Aufnahme vom 22. April 2018).

Früher gab es in Wien zahlreiche Hausrollbahnen zum Transport schwerer Gegenstände. Diese „Bahnen“ sind fast alle verschwunden. 2017 entstand die Aufnahme dieser bereits funktionslosen Hausrollbahn in der Kettenbrückengasse.

Bei unseren Erkundungen am Frachtenbahnhof Floridsdorf 2017 war diese Kohlenrutsche nicht mehr in Betrieb. Seit 2024 entsteht dort eine Instandhaltungshalle für Züge.

„Nie mehr Schule. Keine Schule mehr." Ein Fachtrainer der ÖBB erinnert sich

„Ich wollte eigentlich schon immer Schulungsbeamter bei der Eisenbahn werden", erzählt Herbert Harrer. Schulungsbeamter? Das sind Eisenbahner, die ihresgleichen unterrichten. Harrer hat nach der Matura in der damaligen Zentralschule der ÖBB in Wien nachgefragt, wie er diesen Beruf ergreifen könne. Und noch am selben Tag durfte er dort seine Aufnahme unterzeichnen. Schulungsbeamter wurde man allerdings nicht über Nacht. Es galt, entsprechende Erfahrungen zu sammeln.

Harrers Karriere begann 1979 als Fahrdienstleiter. Am Beginn der Ausbildung stand ein drei Monate dauernder Verkehrskurs, der im Wesentlichen Vorschriften vermittelte: Brandschutzvorschriften, Bremsvorschriften und Verkehrsvorschriften, aber auch das richtige Verhalten der Fahrdienstleiter bei Eis und Schnee und Kurse in Erster Hilfe. „Die Bücher dazu aneinandergereiht ergaben einen Meter Vorschriften", erinnert sich Harrer. Es folgten drei Monate Praxis am Bahnhof Traisen, anschließend war er an verschiedenen Dienstorten als selbstständiger Fahrdienstleiter tätig: in der Abzweigung Hasenleiten, am Bahnhof Wien Erdberger Lände, dem Donauuferbahnhof, in Klosterneuburg-Weidling und dann bis 2009 20 Jahre lang am Zentralstellwerk Matzleinsdorf. Weil Fahrdienstleiter auf vielen Bahnhöfen zusätzlich Tätigkeiten

Herbert Harrer

wie Fahrkartenverkauf oder Frachtverrechnung durchführten, musste er auch zur kommerziellen Fachprüfung (unter anderem zu den Themen Tarifkunde und Fahrkartenwesen) antreten. Zur Vorbereitung dafür war er auch am Bahnhof Sierndorf bei Stockerau aktiv.

Als die ÖBB 2009 die Stelle eines Fachtrainers ausschrieben, bewarb sich Harrer. Als Eignungstest hatten die Bewerber ein zugewiesenes Thema auszuarbeiten und zu präsentieren. Harrers Thema waren „Schlusssignale", die das letzte Fahrzeug eines Zuges kennzeichnen. Die weitere Ausbildung umfasste Kurse zu Pädagogik, Präsentationstechniken, PowerPoint-Gestaltung und Körpersprache. Eine Abschlussprüfung gab es nicht.

Als Fachtrainer unterrichtete er Eisenbahner aus dem Einzugsgebiet Wien, der Südbahn, der Pottendorfer Linie und der Ostbahn. Die zu unterrichtenden Inhalte – geplante Vorschriftenänderungen, Anweisungen des Betriebsleiters oder technische Angelegenheiten – bereitete die für Vorschriften zuständige Stelle der ÖBB im Vorfeld auf. Anhand dieser Materialien belehrten die Fachtrainer ihre „Schüler". Fixe Lehrpläne gab es nicht. Verschiedene Berufsgruppen der ÖBB mussten jährlich eine bestimmte Anzahl an Unterrichtsstunden besuchen: So hatten Verschieber zum Beispiel zweimal zwei Unterrichtsstunden pro Jahr zu absolvieren, Verschubleiter zweimal drei Stunden pro Jahr. Verschieber lernten über Verschubsignale, Verschubaufträge, den Ablauf geschobener Verschubfahrten oder über die Abwicklung besonderer Verschubarten; Verschubleiter über ihre Verantwortung als Vorgesetzte, über die Verschubvorbereitung oder das Durchführen der Bremsprobe. Fahrdienstleiter hatten unter anderem ein jährliches sogenanntes Störtraining, das den Umgang mit besonderen Betriebssituationen vermittelte, zu absolvieren. Betriebsmanager (früher Bahnhofsvorstände und Aufsichtsbeamte genannt) lernten hauptsächlich über die Änderungen von Vorschriften, etwa den sogenannten 0:0-Betrieb (das ist der Betrieb von Personenzügen ohne Zugbegleiter) oder das Notfallmanagement betreffend. In seinen Unterricht kamen auch Zugvorbereiter, die für die Erstellung von Wagenlisten anhand von Wagendaten wie Gewicht, Länge des Waggons, Art der Ladung etc. zuständig waren. Neben ihren regulären Einheiten mussten alle Kursteilnehmer alle zwei Jahre eine Unterrichtsstunde zum Thema Kennzeichnung von Gefahrgut und das Verhalten bei eventuellen Unfällen mit Gefahrgut absolvieren.

Der Tagesablauf begann für Harrer an seinem Dienstort in der Laxenburger Straße im 10. Bezirk um 7.30 Uhr mit den Vorbereitungen für den Unterricht. Der Unterricht startete um 8 Uhr, eine Unterrichtsstunde dauerte 50 Minuten. Schluss war gegen 13 Uhr. Konnte Harrer den vorgeschriebenen Stoff am Vormittag nicht durchbringen, gab es auch Nachmittagsunterricht. Nach den Kursen galt es, administrative Angelegenheiten zu ledigen, wie das Einscannen von Anwesenheitslisten, das Lesen von Mails und Telefonate. Dienstende war gegen 16 Uhr. Der Freitag diente hauptsächlich dem Ausmachen von Terminen für die Unterrichtsteilnehmer, die mit deren Diensteinteilern abzustimmen waren. An manchen Nachmittagen war Harrer auch als Prüfer tätig. Alle zwei Jahre mussten die Kursteilnehmer aller von ihm unterwiesenen Berufsgruppen zu einer Prüfung antreten. Zweimal jährlich besuchte Harrer selbst eine Fortbildung, etliche weiterzuvermittelnde Inhalte musste er sich auch selbst erarbeiten.

Besonders interessant fand es Harrer, über die Inbetriebnahme des European Train Control Systems (ETCS) auf der Nordbahn zu unterrichten. Berufliche Highlights waren seine Teilnahme als Vertreter der Fachtrainer beim Internationalen Eisenbahnverband, der Union Internationale des Chemins de fer (UIC), und weitere Vorträge, die er aufgrund seiner Expertise vor anderen Experten halten durfte.

Harrer, seit 2020 in Pension, fand seine Arbeit und den damit verbundenen Umgang mit Menschen stets spannend, abwechslungsreich und interessant. Bis heute ist er stolz darauf, bei seinem Unterricht mit Fotos und anderen Unterrichtsmaterialien immer am aktuellen Stand gewesen zu sein. Nach dem Motto „Einmal Eisenbahner – immer Eisenbahner“ ist er heute aus Liebe zur Sache als Vorstandsmitglied im Verband der Eisenbahnfreunde (VEF) tätig und zugleich Chefredakteur der Fachzeitschrift „Die Schiene“. Eine Tramway fahren kann er auch!

838,7 Millionen Fahrgäste zählten die Wiener Linien 2010, die sie per Straßenbahn (521 Triebwagen und 251 Beiwagen), U-Bahn (774 Triebwagen und 74 Beiwagen) und 496 Bussen transportierten. Die U-Bahn bewegte mit 534,4 Millionen Fahrgästen den größten Teil, gefolgt von der Straßenbahn mit 189,9 Millionen und dem Bus mit 114,4 Millionen Passagieren. 28 Straßenbahnlinien umfassten eine Linienlänge von 214,8 Kilometern, fünf U-Bahn-Linien erreichten 74,2 Kilometer. Die Stadt zählte 669.279 Personenkraftwagen.

Anfang der 2010er-Jahre verfügte Wien über ein dichtes Nahverkehrsnetz mit guten Intervallen. Am 3. September 2010 begann mit großen Eröffnungsfeierlichkeiten der U-Bahn-Nachtverkehr in den Nächten von Freitag auf Samstag, Samstag auf Sonntag und vor Feiertagen. 2010 formierte sich eine rot-grüne Stadtregierung, was einen von den Grünen geforderten konsequenten Ausbau der Straßenbahn vermuten ließ. Ein Leuchtturmprojekt wäre die Wiederumstellung der Buslinie 13A auf Straßenbahn gewesen, was eine Machbarkeitsstudie aus 2011 auch für grundsätzlich möglich gehalten hat. Passiert ist nichts. Dafür konnte ab 2012 mit der Einführung der 365-Euro-Jahreskarte (zuvor 449 Euro) ein anderes Leuchtturmprojekt der Grünen umgesetzt werden. Auch Wochen- und Monatskarten wurden billiger, Einzelfahrscheine hingegen teurer. Ein Jahr später schafften die Wiener Linien den sogenannten Kurzstreckentarif ab, der kurze Fahrten zu einem reduzierten Preis ermöglicht hatte. Abseits der Jahreskarte erfolgten im Lauf des Jahrzehnts weitere Tariferhöhungen. Aufgrund des stetigen Fahrgastzuwachses begannen die Wiener Linien 2012, bei den „langen ULF" die Zahl der Sitzplätze von 66 auf 54 zu reduzieren, um auf besonders stark frequentierten Linien das Stehplatzangebot zu erhöhen. Von 1968 bis 2012 sprach der Wiener-Linien-Mitarbeiter Franz Kaida die Stationsansagen in den Fahrzeugen, seit 2012 erledigt das die Schauspielerin Angela Schneider. 2017 verschwanden die letzten Exemplare der seit 1959 im Einsatz stehenden Beiwagentype c3, die mit ihrem eingeölten Lattenrostboden einen charakteristischen Straßenbahngeruch verströmte. 2018 erfolgte mit der Type D, genannt Flexity, der erste Linieneinsatz einer neuen Generation von Niederflur-Straßenbahnen. Zunehmende Probleme schuf der schlechte Schienenzustand in Wien, die Folge waren zahlreiche Langsamfahrstellen und Reparaturarbeiten wegen Verschleißes und Schienenbrüchen. Seit Ende 2018 werden die für Wien typischen ovalen Straßenbahnhaltestellenschilder aus den 1950er-Jahren durch schmale Säulen ersetzt.

Werfen wir einen Blick auf die Ausbaumaßnahmen in diesem Jahrzehnt: Ab 2010 fuhr die U2 von ihrer bisherigen Endstation Stadion 5,3 Kilometer weiter bis zur Haltestelle Aspernstraße. Der Bau neuer Gleisverbindungen vom Franz-Josefs-Kai zur Schwedenbrücke und von der Taborstraße in die Gredlerstraße diente zunächst für den Betrieb einer Linie 68, die wegen Bauarbeiten auf der U1 im Sommer 2012 als deren Ersatz zwischen Otto-Probst-Platz und Schwedenplatz unterwegs war. Diese und weitere neue Gleisverbindungen ohne planmäßigen Linienverkehr sorgen seitdem für mehr betriebliche Flexibilität bei Störungen. Zudem erfolgten 2012 die Verlängerung der Linie D um 650 Meter bis zur Alfred-Adler-Straße und die Errichtung einer 1,1 Kilometer langen Neubaustrecke von der Donaufelder Straße durch die Tokiostraße und die Prandaugasse zur U-Bahn-Station Kagran für die wiedereingerichtete Linie 25. Die Straßenbahnlinie 71 wurde auf schon bestehenden Gleisen bis zur Börse verlängert. 2013 eröffneten weitere Neubaustrecken: Die U2 befuhr weitere 4,2 Kilometer von der Station Aspernstraße in das zum Eröffnungszeitpunkt noch sehr dünn besiedelte Stadtentwicklungsgebiet Seestadt. Die Linie 26 wurde im selben Jahr von der Wagramer Straße nach Hausfeldstraße auf einer Neubaustrecke verlängert, bei gleichzeitiger Auflassung des bisherigen 26er-Abschnittes durch die Wagramer Straße vom Kagraner Platz bis zur U-Bahn-Station Kagran. Am 1. September 2017 endete der Betrieb der Linie 58, was mit keinem Abbau von Gleisen verbunden war, denn die Linie 60 wurde von Hietzing zum Westbahnhof verlängert und die Linie 10 von Hietzing nach Unter St. Veit. 2017 eröffnete die U1-Verlängerung nach Oberlaa, sie ersetzte die Straßenbahnlinie 67 in die Per-Albin-Hansson-Siedlung. Mit der Eröffnung der neuen Betriebszentrale der Badner Bahn in Inzersdorf im März 2018 verlor der Bahnhof Wolfganggasse, der auch als Abstellanlage diente, seine Funktion. Die Badner Bahn benutzt seitdem die Strecke der Linie 62. Die Trasse durch die Siebertgasse und Flurschützstraße wurde abgebaut. Auf dem frei gewordenen Gelände neben der historischen Remise der Badner Bahn entstanden Wohnbauten. Die Remisenhalle selbst blieb erhalten und wird aktuell unter dem Namen Gleis//Garten für Kultur und Gastronomie genutzt. Seit Schulbeginn 2019 ist die neue Linie 11 im Einsatz, sie ersetzt im Abschnitt zwischen Reumannplatz und Otto-Probst-Platz die Linie 67 und im kurzen Abschnitt zwischen Simmeringer Hauptstraße und Geiereckstraße auch die Linie 6, für die eine neue Schleife unter der Südosttangente errichtet worden ist. Endstation der Linie 11 ist Kaiserebersdorf. Knapp vor Jahresende 2019 eröffnete die Verlängerung der Linie D auf einer Neubaustrecke durch das Sonnwendviertel, das am ehemaligen Areal des Südbahnhofs entstanden ist, bis zur Absberggasse.

Ab 2009 verkehrten zwei dafür modifizierte E1-Triebwagen als Vienna Ring Tram rund um die Innenstadt. In diesem touristischen Angebot konnte sich das Publikum mittels Kopfhörer über die Sehenswürdigkeiten am Ring informieren. Die Coronapandemie hat diese Attraktion dauerhaft beendet.

Ein Zufallstreffer ist die Aufnahme dieser fast lückenlosen E1-Parade in der Remise Rudolfsheim am 5. Mai 2016.

Blick ins Innere eines c3-Beiwagens. 1959 bis 1962 entstanden 190 Stück dieser Serie, die letzten verschwanden 2017 von den Gleisen der Wiener Straßenbahn. Ein paar Wagen gelangten nach Miskolc, wesentlich mehr nach Krakau.

Interessante Arbeitswagen lassen sich immer wieder in Michelbeuern beobachten. Recht eigenwillig wirkt rechts im Vordergrund der seit 1979 im Einsatz stehende Turmwagen der Type TU2 6123. Er dient zur Behebung von Oberleitungsschäden.

Am 4. März 2018 war die schließlich im April 2018 geschlossene Badner-Bahn-Abstellanlage Wolfganggasse noch in Betrieb. Nun stehen dort Wohnhäuser.

Jubel, Trubel, Heiterkeit! In der Station Reumannplatz herrschte am 2. September 2017 anlässlich der Eröffnung der Verlängerung der Linie U1 nach Oberlaa großer Andrang.

Für die künstlerische Gestaltung der U1-Station Altes Landgut sorgte der Schweizer Künstler Yves Netzhammer.

Am 4. Oktober 2019 erreicht ein Zug der Type V die Haltestelle Friedensbrücke. Von hier aus führte die Stadtbahn-Verbindungsstrecke zum Gürtel, deren Trasse heute bis zur U-Bahn-Station Spittelau als Radweg dient.

Winterstimmung herrscht vor dem früheren Bahnhofsgebäude von Stammersdorf im Dezember 2018. Das ist bereits die dritte Straßenbahntrasse in diesem Bereich. Zuerst war die Endstelle links des Bahnhofs, dann fuhr die Straßenbahn rechts der Bahnanlagen vorbei, heute benützt sie genau die Trasse der früheren Lokalbahn vor dem Bahnhof.

Seit 2018 ist die Type D, genannt Flexity, deren Beschaffung noch nicht abgeschlossen ist, im Einsatz. Sie soll die letzten Hochflurwagen ablösen. Der erste Wagen dieser Reihe verlässt am 23. Mai 2019 die Station Otto-Probst-Platz.

Die 2020er-Jahre: Status quo und Ausblick

Eisenbahn

2020 war der Hauptbahnhof etabliert, der Westbahnhof zum Regionalbahnhof geworden. Nur das Unternehmen WESTbahn bietet bis heute Fernzüge vom Westbahnhof aus an. Allerdings verkehrt seit 2020 vom Westbahnhof aus die neue Zugkategorie Cityjet Xpress (CJX) über die Hochleistungsstrecke bis Amstetten. Das ICE-Angebot nach Deutschland ist gewachsen, erreichbar waren zum Beispiel Frankfurt, Dortmund, Hamburg und Berlin. EC-Züge steuerten mitunter ungewöhnliche Ziele wie Satu Mare, Cluj-Napoca oder Záhony im Nordosten Ungarns an, ein IC Warnemünde. Neu waren Railjet Xpress-Züge (RJX) mit weniger Halten als ein RJ, ein RJX fährt bis heute nach Bozen. Neben den EuroNight-Zügen gab es als neue Zugkategorie den Nightjet (NJ), womit das Nachtzugangebot im Vergleich zu vor zehn Jahren unter anderem mit dem neuen Ziel Brüssel ausgeweitet worden ist. Um auf Wiener Ebene zurückzukehren: Auf der S80 zwischen Hütteldorf und Aspern Nord gab und gibt es einen sehr gut angenommenen 30-Minuten-Takt.

Die Coronapandemie führte 2020 zu Beeinträchtigungen im Regional- und Nahverkehr, der grenzüberschreitende Fernverkehr war bis auf wenige Ziele in Deutschland eingestellt. Allerdings begann bereits zwei Monate später eine allmähliche Normalisierung des Verkehrs. Wesentlich länger galt die Maskenpflicht in öffentlichen Verkehrsmitteln. 2020 haben die Stadt Wien und die ÖBB ein Übereinkommen getroffen, das nach Absiedlung der Bahnanlagen am Nordwestbahnhof eine städtebauliche Nutzung des Areals vorsieht. Als Ersatz für den Güterverkehr steht seit 2016 das neue Güterzentrum Wien Süd in Inzersdorf zur Verfügung. Seit 2021 gibt es nach 58 Jahren Unterbrechung wieder einen direkten Zug von Wien über die historische Südbahnstrecke nach Triest. 2021 ist mit dem kostengünstigen Klimaticket ein tarifliches Jahrhundertprojekt Wirklichkeit geworden. Erhältlich für ganz Österreich oder einzelne Regionen, berechtigt es zu beliebig vielen Fahrten mit allen öffentlichen Verkehrsmitteln. 2022 erfolgte die Modernisierung der Bahnsteigbereiche der Haltestelle Matzleinsdorfer Platz, seit Mai 2023 ist die Haltestelle Süßenbrunn modernisiert und barrierefrei. Ebenfalls 2023 konnte der zweigleisige Ausbau der Pottendorfer Linie im Bereich Meidling fertiggestellt werden. Ende des Jahres entstand mit der neuen Cityjet Xpress-Linie zwischen Floridsdorf und Payerbach-Reichenau eine Schnellverbindung zur Entlastung der RJ-Züge zwischen Wien und Wiener Neustadt. Seit Fahrplanwechsel im Dezember 2023 kommen neue Nightjet-Garnituren zum Einsatz. Zu großem Unmut der Reisenden führten im Frühling 2024 Zugausfälle und Sitzplatzreduzierungen aufgrund von Fahrzeugmangel und -schäden. Um die Situation in Griff zu bekommen, dünnten die ÖBB den Fahrplan zwischen Floridsdorf und Korneuburg sowie Franz-Josefs-Bahnhof und St.-Andrä-Wördern vorübergehend aus, auch auf der Südbahn nach Wiener Neustadt entfielen Züge. Die nächste große Einschränkung brachten 2024 die sogenannten Sommersperren aufgrund von Modernisierungs- und Bauarbeiten. In Wien kam es in den gesamten Schulsommerferien zur Sperre der Schnellbahn zwischen Floridsdorf und Praterstern. 2024 erfolgte zudem der Abriss der schon lange geschlossenen Haltestelle Strandbäder.

Im Winter 2024 zeigt sich folgender Status quo: Ein Hochwasser hat im September die Schnellfahrstrecke durch das Tullnerfeld verwüstet. Der gesamte Verkehr der Westbahn lief daher zunächst mit einem reduzierten Angebot vom Hauptbahnhof via die Verbindungsbahn nach Hütteldorf und weiter über die alte Westbahn durch den Wienerwald, später ab Meidling wieder durch den Lainzer Tunnel auf die alte Westbahnstrecke. Erst mit dem 15. Dezember konnte der Normalbetrieb auf der Schnellfahrstrecke wieder aufgenommen werden. Der Franz-Josefs-Bahnhof wird modernisiert, der Bahnsteigbereich ist bereits fertig, das Foyer so gut wie. Die Haltestellen Handelskai und Traisengasse erhalten aktuell längere Bahnsteige. Entgegen dem Trend, innerstädtische Bahnanlagen abzusiedeln und den Platz für Wohnbau zu nutzen, entsteht am ehemaligen Frachtenbahnhof Wien Floridsdorf derzeit eine Instandhaltungshalle für Züge. Aktuell fährt die Schnellbahn von Leopoldau nach Mödling (und retour) von Freitag auf Samstag, Samstag auf Sonntag und vor Feiertagen in der Nacht durchgehend jede halbe Stunde, ebenso die Vorortelinie von Handelskai nach Hütteldorf und retour. Stündlich geht es in solchen Nächten bis nach Wiener Neustadt, Stockerau und Schwechat – aber nicht bis zum Flughafen. Die Vorortelinie fährt nun auch an Wochenenden alle zehn Minuten, außer in den Randstunden.

Und die Zukunft? Umfangreiche Sperren auf verschiedenen Abschnitten der Wiener S-Bahn-Stammstrecke sind auch für 2025, 2026 und 2027 geplant, wobei Brücken und Viaduktbögen neu errichtet und Stützmauern saniert werden. Leopoldau und Siemensstraße sollen neue Wendeanlagen, Rennweg und Quartier Belvedere längere Bahnsteige bekommen, die Stammstrecke wird für das digitale Zugsicherungssystem European Train Control System (ETCS) hergerichtet. Geplant ist zudem, den Abschnitt der S80 zwischen Hütteldorf und Meidling zu modernisieren und mit zusätzlichen Haltestellen zu versehen. Idealerweise 2027 startet der viergleisige Ausbau von Meidling nach Mödling. Die ab 2020 in Wien regierende Koalition von SPÖ und NEOS hat eine Machbarkeitsstudie zur Umsetzung eines Schnellbahnrings beauftragt, der – nicht durchgehend zu befahren – aus den Linien S45 und S80 gebildet werden könnte. Voraussetzung für diesen Ring wäre eine Verlängerung der S45 von Handelskai nach Praterkai. Ein Zeitplan für eine mögliche Umsetzung dieser Idee steht nicht fest. In Inzersdorf läuft der Ausbau des Güterzentrums Wien Süd. Ferner sieht das im Jänner 2024 vorgestellte Zielnetz 2040 für Wien die Errichtung einiger Schleifen beim Zentralverschiebebahnhof, die Errichtung einer Güterverkehrsschleife bei Süßenbrunn, einen viergleisigen Ausbau von Wien Simmering nach Stadlau und Ausbaumaßnahmen zwischen Wien Stadlau und Wien Süßenbrunn inklusive der Errichtung neuer Verkehrsstationen vor. Was davon wohl verwirklicht wird?

Weil anstelle des aufgelassenen Nordwestbahnhofs ein neuer Stadtteil entstehen wird, organisierten Eisenbahnfreunde am 21. Februar 2021 eine Abschiedsfahrt am Gelände. Zum Einsatz kam dabei ein RegioSprinter der Baureihe VT 654 der Niederösterreichischen Verkehrsorganisationsges.m.b.H. (NÖVOG).

Am 7. August 2022 hält ein Intercity-Express (ICE) der Deutschen Bahn in Wien Meidling.

Die aufwendig sanierte und 1987 wiedereröffnete Vorortelinie wird von den Fahrgästen derart gut angenommen, dass mittlerweile ein 10-Minuten-Takt notwendig ist. Das Foto zeigt einen Talent-Triebwagen am 7. August 2022 in Wien Ottakring.

Seit 13. Dezember 2015 ist der Hauptbahnhof in Vollbetrieb. Am 12. Dezember 2022 wartet ein Schnellzug mit der Lok 1144 102 auf die Abfahrt.

Seit Ende der 1990er-Jahre sind im Umland von Wien Doppelstock-Wendezüge im Einsatz. Dieser durchfährt am 27. März 2024 den Bahnhof Nussdorf auf dem Weg zum Franz-Josefs-Bahnhof.

Straßenbahn und U-Bahn

Am 16. März 2020 verordnete die Bundesregierung einen ersten Lockdown zur Eindämmung der Coronapandemie. Das führte wegen massiv gesunkener Fahrgastzahlen zu Intervallstreckungen und Begleitmaßnahmen wie Maskenpflicht in den Zügen, Ein- und Ausstiegsverbot bei den vorderen Einstiegen bei den Hochflurgarnituren der Straßenbahn, wo möglich zu automatischem Öffnen der Türen und der Einstellung des U-Bahn-Nachtbetriebs. Der Blick in die dadurch stark beeinflusste Statistik des Coronapandemie-Jahres 2020 kann nicht ohne Erwähnung des Vorjahres erfolgen: 2019 nutzten, nach fast jährlicher Steigerung, 960,7 Millionen Menschen die Wiener Linien. Die U-Bahn transportierte 459,8, die Straßenbahn 304,8 und der Autobus 196,1 Millionen Fahrgäste. 2020 fiel die Gesamtfahrgastzahl auf 574 Millionen ab. Wien zählte in diesem Jahr 754 U-Bahn-Triebwagen und 124 U-Bahn-Beiwagen, 480 Straßenbahn-Triebwagen und noch 128 Beiwagen – und 718.819 Personenkraftwagen. 28 Straßenbahnlinien befuhren ein Netz mit 227,1 Kilometer Linienlänge, fünf U-Bahn-Linien umfassten 83 Kilometer Netz.

Ein Blick auf den Fahrzeugsektor: 2020 erfolgte die Vorstellung der U-Bahn-Type X, die ab 2023 im Personenverkehr zum Einsatz kam, ab 2022 bekam die Badner Bahn neue Niederflur-Fahrzeuge der Baureihe 500. Im Juli 2022 waren letztmalig die hochflurigen Typen E1 (Indienststellung ab 1967) mit den Beiwagen der Type c4 (Indienststellung ab 1974) im Einsatz. Allerdings bedeutete das rund ein Vierteljahrhundert nach der Einführung der Niederflurstraßenbahn in Wien noch immer keine Ende des Einsatzes von Hochflurfahrzeugen: Die E2 (gebaut ab 1977, Indienststellung ab 1978) und ihre Beiwagen c5 (Indienststellung ab 1978) sind auch heute noch unterwegs.

2020 eröffnete die Verlängerung der Linie O vom Praterstern via eine Neubaustrecke zur Bruno-Marek-Allee im Nordbahnviertel. 2021 war Baubeginn für die U-Bahn-Linie U5, die den Abschnitt vom Rathaus zum Karlsplatz der U2 übernehmen wird. Für Vorbereitungsarbeiten musste die U2 temporär zum Schottentor verkürzt werden. Als Ersatz verkehrte eine Straßenbahnlinie U2Z zwischen Karlsplatz und Schottenring. Diese Linie wurde später nur noch statt der Nacht-U-Bahn Freitag- und Samstagnacht und in den Nächten vor Feiertagen eingesetzt, stattdessen fährt die Linie 71 seit Mitte 2023 dauerhaft bis zum Schottenring. „Am 18. März 2022 gaben die Landeshauptleute von Wien und Niederösterreich auf einer gemeinsamen Pressekonferenz bekannt, dass der schon seit längerer Zeit geplante Bau der Straßenbahnlinie 72 über Schwechat nach Rannersdorf nun doch realisiert werden soll“, hieß es in der Zeitschrift „Schienenverkehr aktuell“ im Mai 2022. Zwei Jahre später war keine Rede mehr davon, stattdessen sollen 2026 oder 2027 bestehende Buslinien verdichtet werden. Dem Land Niederösterreich ist die Straßenbahn zu teuer. Seit Ende 2023 bietet die Badner Bahn an Wochenenden und vor Feiertagen einen Nachtverkehr zwischen Wien Oper und Wiener Neudorf. Am 26. November 2024 waren laut einem Eintrag im „Tramwayforum“ letztmals Silberpfeile auf der Linie U2 unterwegs. Die neuen automatischen Bahnsteigtüren der Stationen Rathaus, Volkstheater, Museumsquartier und Karlsplatz sind mit den alten U-Bahn-Garnituren nicht kompatibel.

Während wir im Winter 2024 dieses Buch finalisieren, sieht es so aus: Aktuell wird an zwei neuen Straßenbahnlinien gebaut, die beide im Herbst 2025 in Betrieb gehen sollen: Die Linie 27 wird von Strebersdorf nach Aspern Nord fahren, die letzten 2,4 Kilometer auf einer Neubaustrecke. Die Linie 12 soll von der U6-Station Josefstädter Straße in die Hillerstraße im 2. Bezirk fahren, dafür werden 2,2 Kilometer neues Gleis verlegt, die restliche Strecke fährt der 12er auf bereits bestehenden Schienen. Die sogenannte Modernisierungsoffenive 2024 für U-Bahn und Straßenbahn brachte und bringt zahlreiche Einschränkungen für die Fahrgäste mit sich, ist aber für Instandhaltung, Modernisierung von Infrastruktur und für die Beseitigung zahlreicher Langsamfahrstellen notwendig. Die Umgestaltung der Wiedner Hauptstraße, wo die Gleise erneuert und zum Teil begrünt wurden, gilt als abgeschlossen, auf der Universitätsstraße, wo die Gleise verschwenkt werden, wird noch gearbeitet. Beide Projekte gehen mit einer Begrünung der Straßenzüge einher. In Bau befindet sich die Linie U5, die ab 2026 im vollautomatischen Betrieb ohne Fahrer die sehr kurze Strecke vom Karlsplatz zum Frankhplatz mit nur drei Zwischenstationen befahren wird. Bei einem geplanten Baubeginn 2026 oder 2027 soll die U5 dann 2032 bis 2035 Hernals erreichen. Gebaut wird aktuell auch an der Verlängerung der U2, die ihren bisherigen Streckenabschnitt vom Rathaus zum Karlsplatz mit der U5 tauschen und ab Rathaus stattdessen zum Matzleinsdorferplatz verlängert wird. Voraussichtliche Eröffnung ist 2030, allerdings hat ein katastrophales Hochwasser im Herbst 2024 den Wienfluss über die Ufer treten lassen und in der U2-Baustelle Station Pilgramgasse einen Millionenschaden verursacht. Im Endausbau soll die verlängerte U2 2032 bis 2035 den Wienerberg erreichen.

Einen Blick in die künftigen Ausbaupläne der Straßenbahn erlaubt die Website der Stadt Wien, wo es heißt: „Die Planungen für den weiteren Ausbau des Wiener Straßenbahnnetzes sind im Laufen.“ Die Überlegungen betreffen die Verlängerung der Linie 18 von der Schlachthausgasse durch den Prater bis zur U2-Station Stadion; eine Umlegung der gerade in Bau befindlichen Linie 12 direkt durch den zukünftigen Stadtteil am stillgelegten Nordwestbahnbahnhof; die Verlängerung des 25ers durch die Seestadt nach Aspern Nord; eine eventuelle Verlegung des 25ers zur Erschließung des Stadtentwicklungsgebiets Donaufeld und die Errichtung einer Linie 15 auf den Wienerberg.

Es bleibt spannend.

Drei Wochen vor dieser Aufnahme eröffnete die Verlängerung der Linie O am 3. Oktober 2020 vom Praterstern zur Bruno-Marek-Allee. Der ehemalige Wasserturm ist eines der noch vorhandenen ältesten Gebäude am ehemaligen Nordbahnhofgelände. Inzwischen ist der Bereich zwischen der Gleisschleife komplett verbaut.

Die menschenleere Station Stephansplatz in der Coronapandemie am 20. März 2020.

Im Jänner 2021 fährt ein kurzer ULF der 2. Generation (Type A1) als Linie 62 durch den historischen Ortskern von Hetzendorf.

Für die Verlängerung der U6 zur Philadelphiabrücke musste die Rampe von der Wienflussbrücke in die ursprüngliche Endstation Meidling Hauptstraße abgetragen und zur neu errichteten Station Längenfeldgasse in einem steileren Winkel wieder aufgebaut werden.

Am 2. September 2024 fährt ein Silberpfeil auf der Linie U4 am rechten Wienflussufer nach Passieren der Station Pilgramgasse Richtung Heiligenstadt.

In den Jahren 1979 bis 1993 beschafften die Wiener Lokalbahnen 26 Triebwagen der Serie 100, von denen mittlerweile schon etliche Fahrzeuge abgestellt worden sind (Aufnahme vom 17. Juni 2023 in Inzersdorf).

Seit 2022 sind die neuen Niederflurfahrzeuge der Serie 500 der Wiener Lokalbahnen im Einsatz. Insgesamt werden 30 Stück beschafft, die die Hochflurfahrzeuge der Serie 100 ersetzen (Aufnahme vom 30. August 2023 in Inzersdorf).

Die von Floridsdorf ausgehenden Linien 25, 26 und 30 waren die letzten Einsatzgebiete der Type E1 (links im Bild). Das Foto entstand im November 2020 in der Schleife beim Bahnhof Floridsdorf.

Wien bekommt immer wieder neue Straßenlinien und -strecken, im Bau sind aktuell die Linien 27 und 12. Hier sehen wir die Bauarbeiten für die Linie 27, festgehalten am 8. April 2024 in der Benndorfgasse.

Seit 5. Oktober 2013 fährt die Linie 26 auf der von Kagran zur Hausfeldstraße verlängerten Strecke. Da die Haltestelle Gewerbepark Stadlau über einen Inselbahnsteig verfügt, die Straßenbahnen aber nur auf einer Seite Türen haben, müssen sie nach und vor der Haltestelle das Gleis wechseln.

Fahrscheine für öffentliche Verkehrsmittel in Wien aus mehreren Jahrzehnten. In den 1970er-Jahren war für die Verkehrsbetriebe in Wien noch ein großes Fahrscheinsortiment notwendig. Für die Schnellbahn und die Badner Bahn gab es zusätzlich einen sogenannten Haustarif.

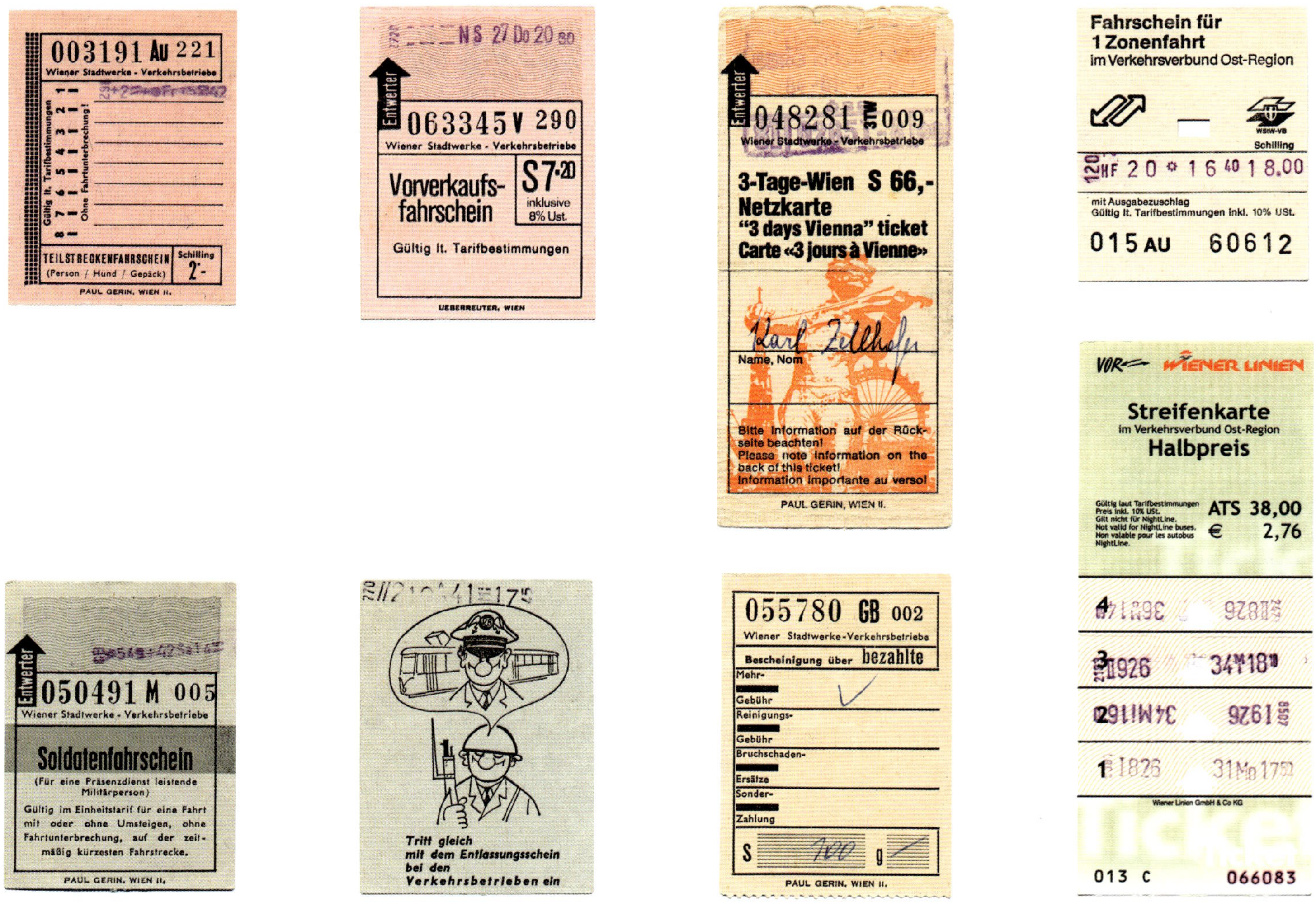

Ein schönes Sammlerstück stellt die „Bescheinigung über bezahlte Mehr-Gebühr“ in der Höhe von 100 Schilling dar: Der ältere Autor ist 1971 beim Schwarzfahren erwischt worden. Originell ist die Rückseite des Soldatenfahrscheins, die comicartig für den Eintritt bei den Verkehrsbetrieben wirbt.

Der X-Wagen ist Wiens modernster U-Bahn-Typ. Ein Zug der Linie U2 überquert am 11. Dezember 2024 die Donau. Die Brücke diente vor dem Bau der U-Bahn als Straßenbrücke für Linienbusse.

Quellenverzeichnis

Literatur

Farthofer, Walter: Im Rückspiegel. Die Chronik der Wiener Verkehrsbetriebe. Wien 2019.

Hachleitner, Bernhard; Hieslmair, Michael; Zinganel, Michael: Blinder Fleck Nordwestbahnhof. Biografie eines innenstadtnahen Bahnhofsareals. Wien 2022.

Horn, Alfred (zusammengestellt von): Die Wiener Schnellbahn und ihre Fahrzeuge. Umfassende Übersicht anläßlich des 15-jährigen Bestehens. Wien 1976.

Horn Alfred (zusammengestellt von): Wiener Stadtbahn. 90 Jahre Stadtbahn. 10 Jahre U-Bahn. Wien 1988.

Horn, Alfred; Posch, Christoph; Wegenstein, Peter [Österreichische Bundesbahnen ÖBB (Hg.)]: 50 Jahre S-Bahn in Wien. 2. Auflage. Wien 2012.

Jeanmaire, Claude; Lehnhart, Hans: Die Wiener Strassenbahn 1945–1971. Tramways of Vienna (Austria). Fahrzeuge und Strecken. Basel 1971.

Kaiser, Wolfgang: Die Wiener Straßenbahnen. Vom „Hutscherl" zum „Ulf". München 2004.

Kaiser, Wolfgang: Wiener Schienennahverkehr. Straßenbahn – Stadtbahn – U-Bahn. München 2008.

Krobot, Walter; Slezak, Josef Otto; Sternhart, Hans: Straßenbahn in Wien vorgestern und übermorgen. Wien 1972.

Magistrat der Stadt Wien (Hg.): Die Verwaltung der Stadt Wien 1970. Wien 1971.

Magistrat der Stadt Wien (Hg.): Die Verwaltung der Stadt Wien 1980. Wien 1981.

Magistrat der Stadt Wien (Hg.): Die Verwaltung der Stadt Wien 1990. Wien 1991.

Magistrat der Stadt Wien (Hg.): Die Verwaltung der Stadt Wien 1991. Wien 1992.

Magistrat der Stadt Wien (Hg.): Die Verwaltung der Stadt Wien. Berichtsjahr 2000. Wien 2001.

Magistrat der Stadt Wien (Hg.): Die Verwaltung der Stadt Wien. Berichtsjahr 2001. Wien 2002.

Magistrat der Stadt Wien (Hg.): Statistisches Jahrbuch der Stadt Wien 1980. Wien 1981.

Magistrat der Stadt Wien (Hg.): Statistisches Jahrbuch der Stadt Wien 1990. Wien 1991.

Magistrat der Stadt Wien (Hg.): Statistisches Jahrbuch der Stadt Wien. Ausgabe 2001. Wien 2001.

Magistrat der Stadt Wien (Hg.): Statistisches Jahrbuch der Stadt Wien 2011. Wien ohne Jahr.

Magistrat der Stadt Wien (Hg.): Statistisches Jahrbuch der Stadt Wien 2021. Wien in Zahlen. Wien 2021.

Malaspina, Jean-Pierre; Brandt, Martin: Die EuroCity-Züge. Teil 1: 1987–1993. 2. Auflage. München 2023.

Tezak, Sepp: Die Südbahnstrecke I. [Bahn im Bild 45]. Wien 1985.

Wegenstein, Peter: Die elektrische Bahn Wien–Baden I [Bahn im Bild 54]. Wien 1987.

Wegenstein, Peter: Die Franz-Josefs-Bahn [Bahn im Bild 24]. Wien 1982.

Wegenstein, Peter: Die Nordbahnstrecke [Bahn im Bild 51]. Wien 1986.

Wegenstein, Peter: Die Nordwestbahnstrecke [Bahn im Bild 91]. Wien 1995.

Wegenstein, Peter: Die Verbindungsstrecken im Raume Wien [Bahn im Bild 79]. Wien 1991.

Wegenstein, Peter: Die Vorortelinie in Wien [Bahn im Bild 58]. Wien 1987.

Wegenstein, Peter: Die Westbahnstrecke I [Bahn im Bild 8]. Wien 1979.

Wegenstein, Peter: Die Wiener elektrische Stadtbahn [Bahn im Bild 22]. Wien 1981.

Wegenstein, Peter: Wege aus Eisen in Wien. Zur Geschichte der Eisenbahnen in der Haupt- und Residenzstadt und Bundeshauptstadt Wien. Schleinbach 2017.

Wegenstein, Peter: Wege aus Eisen in den Straßen von Wien. Zur Geschichte der Wiener Straßenbahnen. Schleinbach 2018.

Eine wichtige Quelle für die Entwicklung des Zugangebots und die Recherche von Zugläufen bilden die Kursbücher und Fahrplanhefte der ÖBB der letzten 50 Jahre – die wir hier nicht im Einzelnen aufzählen.

Zeitungen/Zeitschriften

Eisenbahn, Bohmann Verlag AG (Hg.) beziehungsweise später: Eisenbahn Österreich, Minirex AG (Hg.) – unzählige Ausgaben, die wir hier nicht einzeln auflisten.

Schienenverkehr aktuell. Verlag Peter Pospischil beziehungsweise später Minirex AG (Hg.) – unzählige Ausgaben, die wir hier nicht einzeln auflisten.

Mündliche Quellen

Interview mit Gerhard Brenner am 15. Dezember 2023
Interview mit Herbert Harrer im Oktober 2024
Interview mit Franz Pfeiffer am 17. Oktober 2023
Interview mit Wolfgang Proisl am 6. Februar 2024
Interview mit Karl Vodera am 7. Februar 2024

Internetquellen

https://bahnhofcitywienwest.oebb.at
https://www.cityairporttrain.com
https://www.diepresse.com
https://www.eisenbahn.gerhard-obermayr.com
https://finanzbildung.oenb.at/docroot/waehrungsrechner
https://fti-mobilitaetswende.at
https://www.geschichtewiki.wien.gv.at
https://hundertwasser.com
https://infrastruktur.oebb.at
https://www.initiative-denkmalschutz.at
https://noe.orf.at
https://www.ots.at
https://presse.wien.gv.at
http://www.public-transport.at
https://stadtundgruen.de
https://www.strassenbahnjournal.at
https://www.vef.at/
https://www.wien.gv.at
https://wien.orf.at
https://www.wienerlinien.at
https://www.wko.at

Bildnachweis

Alle Bilder stammen von Karl und Martin Zellhofer, ausgenommen:
Wolfgang Grafeneder: 34, 35, 36, 37, 38 unten, 39
Archiv Werner Neuwirth: 32
Michael Weininger: Cover-Abbildung links oben, 10, 11, 19, 20, 22
Hannes Zellhofer: 104, 105

Dank

Ein besonderer Dank gebührt unseren Interviewpartnern und denjenigen Experten (Wolfgang Grafeneder, Werner Neuwirth, Michael Weininger und Hannes Zellhofer), die uns mit Bildern aus ihren Sammlungen weitergeholfen haben!

Ein großes Dankeschön auch an die Firma Freytag-Berndt und Artaria KG für die Reproduktionserlaubnis der Karte auf Vor- und Nachsatz.

Aus dem Verlagsprogramm

Peter Wegenstein beschreibt in diesem Buch die Entwicklung des Wiener Eisenbahnnetzes, seine Anfänge, Blütezeit und Veränderungen. Begonnen hat alles im Jahr 1837 mit der Nordbahn. Wenig später kamen die Süd-, Ost- und die Westbahn sowie Franz-Josefs- und Nordwestbahn hinzu.

Mit seltenen Aufnahmen aus dem Bildarchiv des Autors und führender österreichischer Eisenbahnfotografen.

Wege aus Eisen in Wien. Zur Geschichte der Eisenbahnen in der Haupt- und Residenzstadt und Bundeshauptstadt Wien.
Von Peter Wegenstein. 23,5 x 20 cm. 132 Seiten mit zahlreichen Abbildungen.
Hardcover. ISBN 978-3-9504383-5-2.

W-H EDITION WINKLER-HERMADEN